# 爱，就是
# 在一起吃晚餐

杨桃美食编辑部 主编

U0338202

江苏凤凰科学技术出版社　凤凰含章

# 爱和幸福

我喜欢和朋友分享一切美好的东西，比如一场精彩的电影、一段动人的音乐、一篇感人的文字……其中最重要的当属美食。我想没有人能够抵挡住美食的诱惑，当你心情烦躁的时候，自己动手挑选材料，精心搭配，然后在一旁耐心等待它由生到熟，起伏不定的情绪就在满室的香味中逐渐平复。

我记得以前最爱做的事就是扒着厨房的门边看妈妈做饭。小时候无论在外边疯玩到多晚，只要一闻到别家有饭菜香飘出来，我就特别兴奋，告诉自己做饭时间到了，妈妈要做好吃的了！撒开腿跑回家，一边看妈妈做饭，一边和妈妈说我今天都玩了什么，或者和妈妈要求明天的晚餐吃什么，像个小麻雀似的叽叽喳喳说个不停。等到妈妈说一句吃饭了，我就立马乖乖地坐在餐桌前等着，幸福感涌上心头。

后来慢慢长大，离开了家，就特别怀念有妈妈的厨房。我小时候不仅挑食还爱吃零食，因此总是显得比同龄人瘦小。妈妈每次一听别人说你家小孩儿怎么这么瘦，心里就特别难过。别人说完之后，妈妈就会扭头无奈地看着我，你以后不能再这么挑食了！回到家里妈妈就开始变着花样地做饭，直到我再也不挑三拣四为止。

现在我依然喜欢黏着妈妈，在厨房里转悠来转悠去，只不过我已经是其中的一员了。只要有空回家，我和妈妈就会去超市买菜，一起商量着吃什么菜，怎么做，顺便和妈妈说说工作生活的琐事，爸爸有时候也会在旁边插一句。这样平淡的日子，有了美食的陪伴，却也简单美好。

因为喜欢妈妈做的饭菜的味道，从而喜欢美食，进而迷上做饭，看到家人和朋友吃得高兴满足，自己的内心也会洋溢着幸福和快乐。现在我也可以做出那种家的味道，妈妈尝过之后，赞不绝口。听到妈妈的赞美，我得意极了，更有信心尝试做新的东西。每次有新的好吃的，我就迫不及待地做给家人和朋友品尝，然后等着他们的赞美，以满足自己小小的虚荣心！

生活虽然平淡，但是有了美食的相伴，就多了一份幸福。在我看来，美食传递着快乐，和我一起学做美食，做传递幸福的天使吧！

# 目录

# 暖心暖胃的美味汤

# 看似平凡的明星蔬菜

# 各有魅力的饭和面

# 幸福甜蜜的养生粥

**单位换算**

**固体类 / 油脂类**

1茶匙 ≈ 5克　　1大匙 ≈ 15克　　1小匙 ≈ 5克　　1杯 ≈ 240克

**液体类**

1茶匙 ≈ 5毫升　　1大匙 ≈ 15毫升　　1小匙 ≈ 5毫升　　1杯 ≈ 240毫升

# 暖心暖胃的美味汤

我觉得美食有时候真是一种神奇的东西，它能带给人家的味道、恋爱的味道……而我对美食最早的记忆源自妈妈。小小的厨房、昏黄的灯光、"当当"的切菜声、满溢的饭菜香，妈妈给我带来的是家的味道，是温暖的爱。本章带领你把所有的开心与不开心入锅，经过时间慢慢地炖煮，渐渐溢出来幸福的味道。

# 不可忽视的餐桌美食

一天的匆忙，让人没有时间静下来好好地享受一顿美食。唯有傍晚下班时分，远离了繁忙的工作和喧闹的人群，回到舒适温暖的家中，才可以完全放松下来。晚餐该吃什么，配哪种汤，这几乎成了我每天都在琢磨的事情，也是对于一个不怎么喜欢出门逛街，且对吃较为挑剔的人来说，打发时间的最好办法。

一顿丰盛的晚餐，汤是必不可少的，其品类繁多，比如鱼汤、蔬菜汤、豆腐汤……既易消化吸收，又有美容养生、护肤等功效，不仅做法简单，而且营养丰富。其中我最喜欢和有感情的要数排骨汤了，汤里满满都是妈妈的关爱和小时候幸福的回忆。工作之后，我从妈妈那里学会了做排骨汤，每次和朋友出去吃饭，碰见好喝的汤都会偷偷地学几招，然后回家尝试，现在我已经学会了做很多不同的汤。

就拿我自己比较喜欢的海带冬瓜薏苡仁汤来说吧！这道汤对爱美的女性朋友来说，可是很好的选择。材料简单且做法容易，先把海带、冬瓜、薏苡仁等材料准备好，水烧开，将材料放进去，然后转小火焖煮片刻，再加调料即可。一道好喝营养的美容汤就这么新鲜出炉了，鲜亮的颜色，清淡的香味，为晚餐增色不少。

《吕氏春秋》曾记载："凡味之本，水最为始""五味三材，九沸九变"。将所有食材放入水中，其味道和特性不断变化，相互渗透，相互融合，经过一段时间的慢慢熬煮，味道便出来了。古有酒香不怕巷子深，这里却是汤香不怕巷子深。

李渔也曾说："饭犹舟也，羹犹水也，舟之在滩非水不下，与饭之在喉非汤不下，其势一也。"李渔认为有汤无菜，饭尚可以下咽，无汤下饭即食不下咽，饭与汤相互搭配才是养生之道，可见，李渔对汤是多么的情有独钟。

汤不只在中国的历史悠久，在其他国家也有其独特悠久的汤文化，比如俄罗斯的罗宋汤、法国的洋葱汤……路易十四的御厨路易斯·古伊在《汤谱》中写道："餐桌上是离不开汤的，菜肴再多，没有汤犹如餐桌上没有女家丁。"把汤与女家丁的作用相比，凸显汤在餐桌上的重要性。据说慈禧太后就有八名御厨专门为她做汤，无论吃过多少山珍海味，她独独舍不掉汤。

其实做汤很简单！只要有心，什么汤都能做。

# 暖到心里：
# 什锦蔬菜味噌汤

小时候妈妈在厨房做饭，我总喜欢在一旁站着和妈妈聊天，有时心血来潮，会帮一把手。妈妈熬的一手好汤，其中什锦蔬菜味噌汤便是我从妈妈那里学来的，做法简单又有营养。若是你厌烦了油腻的晚餐，想要换清淡的口味，那么什锦蔬菜味噌汤就是一个不错的选择。在天气微寒的傍晚来一碗味噌汤会一直暖到你的心里深处。

## 材料 Ingredient

| | |
|---|---|
| 牛蒡 | 50 克 |
| 黑木耳 | 50 克 |
| 竹笋 | 50 克 |
| 金针菇 | 20 克 |
| 板豆腐 | 10 克 |
| 胡萝卜 | 20 克 |
| 香菇 | 2 朵 |
| 蒟蒻 | 2 片 |
| 水 | 500 毫升 |
| 海苔丝 | 少许 |
| 食用油 | 少许 |
| 海带香菇高汤 | 200 毫升 |
| 白芝麻末 | 少许 |

## 调料 Seasoning

| | |
|---|---|
| 味噌 | 50 克 |
| 米酒 | 15 毫升 |
| 味酥 | 5 毫升 |

## 做法 Recipe

1. 将牛蒡洗净去皮，以刀尖直划数刀，再用削皮刀削出细丝；胡萝卜洗净去皮切丝；香菇、黑木耳泡发，洗净切丝；金针菇洗净切段备用。

2. 将蒟蒻洗净切斜片；竹笋洗净切成丝；蒟蒻和竹笋都放入沸水中余烫一下，捞出沥干水分备用。

3. 热油锅，放入切好的黑木耳、香菇、牛蒡、胡萝卜、金针菇以及余烫好的蒟蒻和竹笋，以中火拌炒均匀，再加入水和海带香菇高汤转小火煮开。

4. 把板豆腐切成长条状，续放入锅中转中火煮至入味，加入米酒和味酥调味，再以小滤网装味噌放入锅中，边搅拌边摇晃至味噌完全溶入汤汁中，熄火盛出再撒上白芝麻末和海苔丝即可。

# 海带冬瓜薏苡仁汤

海带冬瓜薏苡仁汤是我特别喜欢和朋友分享的一道菜，材料简单，没有繁杂的步骤，且味道清淡馨香，还具有美容养颜的功效。海带的加入为此汤增添色彩，不但不会掩盖冬瓜薏苡仁的味道，反而相得益彰，完美结合。海带和薏苡仁皆可入药，医食同源，既满足你的胃口，又能起到美容养生的效果。

## 材料 Ingredient

| | |
|---|---|
| 海带 | 20 克 |
| 冬瓜 | 300 克 |
| 薏苡仁 | 30 克 |
| 姜片 | 10 克 |
| 水 | 850 毫升 |

## 调料 Seasoning

| | |
|---|---|
| 盐 | 1/2 小匙 |
| 米酒 | 1 小匙 |
| 胡椒粉 | 少许 |
| 香油 | 少许 |

## 做法 Recipe

1. 将海带洗干净擦干，剪成小片备用；冬瓜皮刷净去籽切块备用；薏苡仁洗净，放入水中浸泡 5 个小时沥干备用。
2. 取锅，放入水，然后放入准备好的海带片、姜片、薏苡仁煮至沸腾，再放入冬瓜块煮 30 分钟。
3. 最后加入盐、米酒、胡椒粉、香油拌匀即可。

## 小贴士 Tips

+ 米酒口味香甜，含有多种维生素和微量元素，有助于补气养血，增强身体免疫力。

## 花面交相映:
# 番茄美颜汤

番茄就像夏日热情如火的美丽女孩儿，使人念念不忘。咬上一口，丰沛的汁液溢满整个嘴巴。把番茄与油豆腐一起放入汤锅中，慢慢熬煮，里嫩外酥的油豆腐吸足了番茄酸甜爽口的味道，滋味更加浓郁丰厚。番茄美颜汤不仅让人回味无穷，而且还可以美颜润肤，如此靓汤怎能错过。

## 材料 Ingredient

| | |
|---|---|
| 番茄 | 2 个 |
| 油豆腐 | 30 克 |
| 水 | 1000 毫升 |
| 枸杞子 | 10 克 |

## 调料 Seasoning

| | |
|---|---|
| 番茄酱 | 4 大匙 |
| 盐 | 1 小匙 |

## 做法 Recipe

❶ 将番茄洗净去蒂，切成小块；油豆腐用开水稍微汆烫，沥干水分，切成小块；枸杞子洗净，沥干备用。

❷ 取一汤锅，放入 1000 毫升水煮沸，放入准备好的番茄块和油豆腐，大火稍煮片刻。

❸ 最后放入枸杞子、番茄酱，加盖用小火焖煮 5 分钟，起锅前加入盐调味即可。

爱，就是在一起吃晚餐

恰到好处的美味:

# 参归炖猪心

生命里有了陪伴和爱才不会孤单寂寞,才会更加快乐美好,参归炖猪心就是融化在时间里的爱的结晶。它最需要的就是你温柔地等待,一口小锅,满满的全是家人的爱意,片刻的等待是为了以后的相守,等到鼻尖飘过一丝香味,便是即将出锅之时。火候恰到好处,便鲜美可口,过早会有一种腥气,过晚则如同嚼蜡,味道全变。

## 材料 Ingredient

| | |
|---|---|
| 猪心 | 1 个 |
| 姜丝 | 20 克 |
| 参须 | 8 克 |
| 当归 | 3 克 |
| 枸杞子 | 3 克 |
| 水 | 400 毫升 |

## 调料 Seasoning

| | |
|---|---|
| 盐 | 1/2 茶匙 |
| 米酒 | 80 毫升 |

## 做法 Recipe

1. 先将猪心切掉血管头后对剖。
2. 然后把猪心中的血块洗净。
3. 再把洗净的猪心切成约 0.5 厘米的厚片备用。
4. 锅中放入水,置于火上煮沸,水开后把猪心下锅氽烫约 20 秒钟取出,再用冷水洗净沥干备用。
5. 将准备好的猪心片放入电锅内锅,加入水、米酒以及洗净后的姜丝、参须、当归和枸杞子,在外锅加 1 杯水,盖上锅盖,按下开关。待开关跳起,加入盐调味即可。

## 小贴士 Tips

+ 想把猪心洗得更干净,先在表面涂抹一层面粉,放置约 1 个小时,然后用水冲净即可。
+ 当归最好选用归头或者归身的部分,并且做的时候要注意火候。

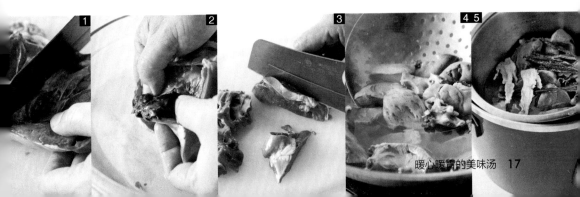

# 大上海的怀旧风：
# 罗宋汤

　　罗宋汤与上海的海派文人有着密不可分的联系。但凡与文人有关，便有了文化底蕴，更何况还与上海这座令人沉迷的城市息息相关，更增添了罗宋汤的怀旧气息。在上海当地人的改良之下，罗宋汤形成了独具特色的海派味道，如今依然盛行在上海的大街小巷。

## 材料 Ingredient

| | |
|---|---|
| 牛肉丁 | 60 克 |
| 土豆 | 100 克 |
| 胡萝卜 | 100 克 |
| 番茄 | 150 克 |
| 圆白菜 | 100 克 |
| 洋葱片 | 80 克 |
| 西芹 | 80 克 |
| 月桂叶 | 适量 |
| 水 | 1500 毫升 |

## 调料 Seasoning

| | |
|---|---|
| 盐 | 1 小匙 |
| 胡椒粉 | 少许 |
| 番茄酱 | 2 大匙 |
| 白糖 | 1 小匙 |

## 做法 Recipe

1. 将牛肉丁入锅汆烫捞起备用；土豆与胡萝卜去皮切小块。
2. 番茄洗净切块；圆白菜洗净切片；西芹洗净切段，备用。
3. 取锅加入1500毫升水煮沸，放入准备好的胡萝卜块、土豆块、牛肉丁煮20分钟。
4. 续放入洋葱片、西芹段、圆白菜片、番茄块、番茄酱、月桂叶煮10分钟。
5. 最后再加入盐、胡椒粉、白糖调味即可。

## 小贴士 Tips

+ 胡椒粉和白糖可以根据个人口味适当添加。
+ 盐一定要最后放入，先放盐会使牛肉丁发硬。

## 食材特点 Characteristics

土豆：含有丰富的淀粉、膳食纤维、维生素 C，常食有助于抗衰老，预防胃溃疡。土豆存放时间不宜过长，大量食用发芽的土豆可能会引起急性中毒。

番茄酱：可增进食欲，其中的番茄红素具有抗氧化作用，因此可以适当延缓衰老，对辅助治疗肺癌也有一定的食疗作用。

# 停不了的极致美味：
# 咖喱什锦蔬菜汤

菜的多样化在于它丰富的调料，咖喱便是其中的重要调料。有时候食不知味，没有胃口，我最先想起来的总是这道独具风味的咖喱蔬菜汤。咖喱与各种蔬菜相互融合渗透，你中有我，我中有你，口感极致，再点缀上翠绿的四季豆，光是看着就忍不住让人食指大动，吃完之后更是通体舒畅。小小的满足有时也是一种大大的幸福。

## 材料 Ingredient

| | |
|---|---|
| 油豆腐 | 3 块 |
| 鲜香菇 | 2 朵 |
| 洋葱 | 1/2 个 |
| 红甜椒 | 15 克 |
| 黄甜椒 | 15 克 |
| 胡萝卜 | 50 克 |
| 茄子 | 40 克 |
| 玉米笋 | 40 克 |
| 四季豆 | 50 克 |
| 蒜末 | 10 克 |
| 姜末 | 10 克 |
| 蔬菜高汤 | 600 毫升 |
| 色拉油 | 适量 |

## 调料 Seasoning

| | |
|---|---|
| 咖喱粉 | 20 克 |
| 咖喱块 | 20 克 |
| 辣椒粉 | 2 克 |

## 做法 Recipe

1. 将油豆腐、鲜香菇、玉米笋均洗净；茄子洗净去蒂；洋葱、胡萝卜均洗净、去皮以及红甜椒、黄甜椒均洗净，去蒂和籽；洗净的材料均切成小块备用。

2. 把四季豆洗净切段，放入沸水中余烫至变为翠绿色，捞出沥干水分备用。

3. 热锅倒入适量的色拉油烧热，放入蒜末、姜末炒出香味，然后依序放入做法 1 中准备好的材料及辣椒粉充分拌炒均匀。

4. 将咖喱粉加入做法 3 锅中继续拌炒均匀，再加入蔬菜高汤大火煮开，然后转中小火续煮约 15 分钟，放入切碎的咖喱块拌煮至完全均匀。

5. 最后放入做法 2 烫好的四季豆即可。

## 小贴士 Tips

+ 不宜食用经过高温反复加热的色拉油。

---

## 食材特点 Characteristics

色拉油：植物原油经过加工之后的食用油，多用来作凉拌、酱料和调味料的原料油，也可作为烹调、煎炸用油。

咖喱：由香料混制而成的调料，其主要成分有姜黄粉、川花椒、胡椒等，能够促进血液循环，还能增进食欲。

简约而不简单：

# 什锦蔬菜豆腐汤

豆腐是我们最常见的素食食材之一，历史悠久，据说是西汉时淮南王炼丹时发明的。用豆腐作原料制作出的菜肴可谓丰富多样，从家常小菜到星级菜肴，应有尽有。豆腐汤是一种常见的日常汤品，加入时令蔬菜后味道更加鲜香美味。什锦蔬菜豆腐汤就是在蔬菜高汤的基础上添加板豆腐、番茄、西芹等蔬菜烹饪而成，色泽鲜艳清丽，味道清香醇正。

## 材料 Ingredient

| | |
|---|---|
| 番茄 | 60 克 |
| 板豆腐 | 1 块 |
| 香菇 | 2 朵 |
| 西芹 | 20 克 |
| 胡萝卜 | 30 克 |
| 姜片 | 30 克 |
| 蔬菜高汤 | 1200 毫升 |

## 调料 Seasoning

| | |
|---|---|
| 盐 | 1/2 小匙 |

## 做法 Recipe

1. 将板豆腐切成块状；香菇泡入水中至软，然后捞出切片。
2. 将番茄、西芹、胡萝卜洗净，均切成片状。
3. 取一汤锅，先放入姜片、蔬菜高汤，大火煮开，然后放入切好的板豆腐、香菇、番茄、西芹、胡萝卜，煮约 25 分钟。
4. 最后放入盐调味即可。

## 小贴士 Tips

+ 板豆腐在食用之前有一定的豆腥味，为除去异味，在煮之前先放入水中焯一下，焯时与冷水一起，煮至豆腐慢慢上浮，用手轻捏感觉稍硬，捞出浸入冷水中即可。
+ 煮汤加入姜片不仅可以提升汤的鲜味，而且还有抗氧化、促进食欲、提神的作用。

## 食材特点 Characteristics

板豆腐：含有钙、铁、磷等多种矿物质，常食可补益清热，清洁肠胃，帮助大脑发育，是养生佳品。

蔬菜高汤：其味浓郁鲜香，且融合了多种蔬菜的营养成分，对人体有益，可以增强免疫力。

# 忘不掉的法国风情：
# 法式洋葱汤

法式洋葱汤是一道非常经典的汤品，只听其名字感觉这是一道很简单的家常汤，但是想做好却很要功夫。原材料上并不是只有孤零零的洋葱，还要有培根、奶油、奶酪等搭配，当然少不了独特的法式面包。味道鲜香的法式洋葱汤还是一道很好的补品。冬季气血不足的女性不妨多喝一点法式洋葱汤，可以补充能量，提升精神。

## 材料 Ingredient

| | |
|---|---|
| 培根 | 20 克 |
| 洋葱 | 80 克 |
| 法国面包 | 1 片 |
| 奶油 | 1 大匙 |
| 牛绞肉 | 30 克 |
| 面粉 | 1 大匙 |
| 高汤 | 400 毫升 |
| 奶酪 | 少许 |
| 香芹 | 少许 |

## 调料 Seasoning

| | |
|---|---|
| 盐 | 1/4 小匙 |
| 黑胡椒粉 | 少许 |

## 做法 Recipe

1. 将培根切丁；洋葱洗净切丝，备用。
2. 把法国面包切丁，然后放入180℃的烤箱中烤6分钟，呈酥脆状后取出备用。
3. 取一炒锅，锅中加入奶油加热至融化，转用小火爆香培根丁、洋葱丝，再加入牛绞肉炒至变色后再加入面粉拌炒。
4. 在做法3的材料中倒入高汤，用大火煮开后加入盐、黑胡椒粉调味。
5. 盛入碗中时，再加入法国面包丁、奶酪、香芹即可。

## 小贴士 Tips

- 加入面粉炒牛肉时一定要搅拌均匀。
- 洋葱最好选用白洋葱，紫洋葱会比较辣，可根据个人口味选择。
- 高汤可选用牛骨或者牛腩炖成的清汤。

## 食材特点 Characteristics

洋葱：营养丰富，能有效清除体内氧自由基，有抗衰老、缓解压力、增强新陈代谢的能力，但一次不适宜食用过多。

法国面包：俗称法式棍，法国特产的一种面包，主要由小麦做成。法国面包与一般的软面包最大的不同是，它的外皮和里面都很硬。

游走在平凡与高雅之间：

# 海带黄豆芽汤

海带黄豆芽汤以平凡的材料为底，以鲜美的味道取胜，游走在平凡与高雅之间。家常化决定了它的平凡，只要赶早就可以在菜场或者超市中买到新鲜的食材，在家庭餐桌上，经常能够见到它们的身影。海带深沉凝重的颜色，黄豆芽苗条纤细的身材，都在无声地彰显着灵动的魅力，它们的结合让平凡也蕴藏韵味。

## 材料 Ingredient

| | |
|---|---|
| 黄豆芽 | 200 克 |
| 干海带 | 15 克 |
| 蒜末 | 5 克 |
| 熟白芝麻 | 少许 |
| 香油 | 2 大匙 |
| 水 | 900 毫升 |
| 红尖椒 | 适量 |

## 调料 Seasoning

| | |
|---|---|
| 盐 | 1/2 小匙 |
| 韩式甘味调味粉 5 克 | |

## 做法 Recipe

❶ 将黄豆芽洗净沥干水分；红尖椒洗净，去蒂后切成斜片，备用。

❷ 把干海带放入清水中泡发 30 分钟，然后洗净捞出沥干水分，切小段备用。

❸ 锅中倒入香油烧热，先放入蒜末与红尖椒片，用中火炒出香味，再加入准备好的黄豆芽拌炒均匀。

❹ 在做法 3 的锅中加入水和切好的海带，用大火煮开，转中小火续煮约 5 分钟，然后用盐和韩式甘味调味粉调味。

❺ 熄火盛出后撒上熟白芝麻即可。

## 小贴士 Tips

✛ 市面上出售的黄豆芽一般含有添加剂，想吃得更绿色健康，可以自己在家里准备一些黄豆制作。

✛ 海带中的碘成分大多分布在表面，浸泡过久会使碘成分流失。

## 食材特点 Characteristics

黄豆芽：含有较高的蛋白质、维生素 C 等营养成分，其中的维生素 C 能美容养颜，常食有清热明目、养血补气的作用。

海带：含有大量胶质，具有抗氧化、护肤以及预防白血病等作用，且热量低，但是脾胃虚寒的人少食。

炎炎夏日的清凉之选：

# 丝瓜汤

　　小时候，夏天经常喝丝瓜汤，配上一碗清爽的凉面，很是凉爽美味。丝瓜汤制作简单，不仅味道鲜美可口，而且营养丰富，对于女性来说，还可以美白肌肤。翠绿的颜色搭配艳丽的红色，简单而不失艳丽，给人一种清新之感，在炎炎夏日来上一份丝瓜汤是消暑解热的不二选择。

## 材料 Ingredient

| | |
|---|---|
| 丝瓜 | 300 克 |
| 胡萝卜 | 10 克 |
| 姜 | 10 克 |
| 水 | 800 毫升 |

## 调料 Seasoning

| | |
|---|---|
| 盐 | 1 小匙 |
| 白胡椒粉 | 1/4 小匙 |
| 香油 | 1 小匙 |

## 做法 Recipe

① 将丝瓜用刀轻轻刮去表皮，切成粗条备用。

② 再把胡萝卜洗净去皮切成粗丝；姜洗净切成粗丝，备用。

③ 锅中倒入水煮沸，然后放入准备好的丝瓜条、胡萝卜丝、姜丝煮至丝瓜条稍软。

④ 加入盐、白胡椒粉、香油调味即可。

# 清香美味：
# 丝瓜鲜菇汤

　　丝瓜鲜菇汤是在丝瓜汤的基础上添加柳松菇、秀珍菇和些许新的调料烹饪而成，在原有清新味道的基础上，更添美味和营养。虽然添加了新的食材，丝瓜鲜菇汤的制作依然简单，流程一点都不复杂，非常适合在夏季享用。丝瓜跳进了众多鲜菇的怀抱，它不再默默无言，而是肆无忌惮地释放自己的美味，演绎跳动的繁华。

## 材料 Ingredient

| | |
|---|---|
| 丝瓜 | 1根 |
| 柳松菇 | 50克 |
| 秀珍菇 | 50克 |
| 姜丝 | 10克 |
| 水 | 400毫升 |
| 食用油 | 适量 |

## 调料 Seasoning

| | |
|---|---|
| 盐 | 1/2 小匙 |
| 柴鱼素 | 4克 |

## 做法 Recipe

❶ 先将丝瓜洗净，用削皮刀去皮后切成约2厘米宽的小条；柳松菇和秀珍菇洗净，备用。

❷ 热锅倒入适量食用油烧热，放入姜丝用中小火炒出香味，加入切好的丝瓜、洗净的柳松菇和秀珍菇翻炒一下，倒入水续煮至材料熟软。

❸ 最后加入盐、柴鱼素调味即可。

半清半浓总相依：

# 黑麻油杏鲍菇汤

黑麻油杏鲍菇汤很难说黑麻油和杏鲍菇谁是主角，如果一定要分出个明确来，那就一半清一半浓吧！杏鲍菇圆润白嫩，身材肥硕，如同调皮可爱的福娃。黑麻油的香气神秘而古老，低调而深沉，似有说不尽的故事在其中。二者相互融合、相互渗透，带给人独特的美味体验。

## 材料 Ingredient

| | |
|---|---|
| 杏鲍菇 | 150 克 |
| 老姜 | 50 克 |
| 枸杞子 | 10 粒 |
| 水 | 400 毫升 |
| 菜花 | 适量 |
| 黑麻油 | 适量 |

## 调料 Seasoning

| | |
|---|---|
| 米酒 | 3 大匙 |
| 香菇粉 | 4 克 |
| 盐 | 1/2 小匙 |

## 做法 Recipe

① 将杏鲍菇用酒水洗净，沥干水分，手撕成大长条；老姜刷洗干净外皮，切片备用；枸杞子洗净后泡水约 5 分钟，沥干水分备用；菜花洗净切小朵。

② 锅中倒入黑麻油烧热，加入切好的姜片，用小火慢炒至姜片卷曲并释放出香味，然后加入杏鲍菇长条和菜花拌炒均匀，沿锅边淋入米酒，续煮至酒味散发，再加入水用中火煮开，以盐和香菇粉调味。

③ 起锅前加入泡好的枸杞子拌匀即可。

## 小贴士 Tips

⊕ 菇类食材如果直接以水清洗，会因为吸收水分而降低香味，最好的方法就是以含有 15% 酒的酒水来清洗，利用酒精加速水分的散发，维持菇的香气。

⊕ 黑麻油爆姜片是用黑麻油把老姜片爆透，在炖汤或者炒菜时加入，也可一次准备数天的量方便煮食。

## 食材特点 Characteristics

杏鲍菇：名字由来与其具有杏仁的香味和鲍鱼的口感有关，含有丰富的蛋白质、维生素以及钙、镁、铁等成分，具有润肠胃、降血脂、增强人体免疫力的功效。

黑麻油：一般是指由麻籽炸成的油，很多地方称为花椒油，在南方地区也可以指芝麻油，孕妇忌吃花椒油。纯黑麻油味道香醇，适宜日常保养用。

爱，就是在一起吃晚餐

# 万菇绿中过：
# 鲜菇汤

鲜菇汤是一道材料丰盛的菌类汤，鲜味扑鼻而来引起你的食欲，香菇、金针菇、柳松菇、洋菇、杏鲍菇在一片翠绿之中舞蹈，激烈而不失融洽，热闹而不失和谐。静谧之中甘作点缀的西蓝花，吸取了汤中的精华，鲜味呼之欲出。这是一道特别适合与家人一起分享的美味靓汤。

## 材料 Ingredient

| | |
|---|---|
| 鲜香菇 | 2 朵 |
| 金针菇 | 50 克 |
| 柳松菇 | 50 克 |
| 洋菇 | 50 克 |
| 杏鲍菇 | 50 克 |
| 西蓝花 | 150 克 |
| 蔬菜高汤 | 600 毫升 |

## 调料 Seasoning

| | |
|---|---|
| 盐 | 1/2 小匙 |

## 做法 Recipe

1. 先将鲜香菇、金针菇去蒂用酒水洗净，沥干水分，然后把鲜香菇切片，备用。
2. 再把柳松菇、杏鲍菇用酒水洗净，沥干水分，手撕成长条状。
3. 洋菇也用酒水洗净，沥干水分，对半切开。
4. 西蓝花放入水中氽烫至变翠绿色，然后泡入冰水中，再捞起沥干备用。
5. 最后将蔬菜高汤倒入锅中，放入做法 1、2、3 的全部材料用大火煮开，再改用中小火续煮约 10 分钟，再加入西蓝花。
6. 起锅前加盐调味略搅拌即可。

## 小贴士 Tips

+ 西蓝花的梗清脆好吃，但表皮带有粗纤维，建议要削去这层粗皮，吃起来口感会更好。
+ 挑选洋菇时，最好选择带有一点泥土或者不太光亮的为佳。

---

## 食材特点 Characteristics

香菇：含有丰富的蛋白质、脂肪、氨基酸和维生素等成分，常食有助于提高身体免疫力、降血压、延缓衰老、预防癌症。

洋菇：含有丰富的维生素和锗元素，能够帮助身体吸收钙质，调节身体机能。

# 碧玉菜花蟹味菇汤

　　碧玉菜花蟹味菇汤就像春天里一道亮丽的风景线，清新脱俗，洗尽铅华而不染尘埃，既温柔了时光，也温柔了人心。它不似夏日艳丽激情，不似冬日苍白冷冽，唯像那吹开千树万树梨花的春风，有着滋润万物的情怀，孕育勃勃生机的能力。

## 材料 Ingredient

| | |
|---|---|
| 菜花 | 200 克 |
| 碧玉笋 | 50 克 |
| 蟹味菇 | 70 克 |
| 姜片 | 10 克 |
| 水 | 800 毫升 |

## 调料 Seasoning

| | |
|---|---|
| 盐 | 1/2 小匙 |
| 白糖 | 少许 |
| 香油 | 1 小匙 |

## 做法 Recipe

1. 先将菜花切成小朵洗净，然后把碧玉笋也洗净切段，再把蟹味菇去蒂头洗净备用。
2. 在锅中加入水煮沸，放入姜片和准备好的菜花煮 5 分钟。
3. 然后续放入切好的碧玉笋段、蟹味菇，煮至熟透。
4. 最后加入盐、香油、白糖调味，拌匀即可。

## 小贴士 Tips

+ 姜片可去除汤中异味，使汤更加新鲜美味。

温润如玉：

# 苹果蔬菜汤

如果把每一道蔬菜汤比喻一种人，那么苹果蔬菜汤就是温润如玉的翩翩佳公子，遗世独立，卓尔不凡。其实这是一道足够低调优雅的汤，看似朴实内敛，实则美味无比。蔬菜与苹果由内至外散发着诱人的气息，加上鸡肉丝的芳香，让人打心底恋上这种味道，在众蔬菜汤中占据不可或缺的位置。

## 材料 Ingredient

| | |
|---|---|
| 苹果 | 60 克 |
| 黄豆芽 | 150 克 |
| 西芹 | 80 克 |
| 圆白菜 | 100 克 |
| 水 | 800 毫升 |
| 鸡肉丝 | 50 克 |

## 调料 Seasoning

| | |
|---|---|
| 盐 | 1/2 小匙 |

## 做法 Recipe

1. 将黄豆芽洗净；苹果、西芹、圆白菜均洗净，切片备用。

2. 将锅置于火上加入水煮沸，然后放入准备好的黄豆芽、西芹片煮 5 分钟，再放入鸡肉丝、圆白菜片、苹果片煮沸。

3. 最后放入盐调味即可。

随意的自由：

# 茭白玉米笋培根汤

　　并不是每一道汤都可以随心所欲的做出来，茭白玉米笋培根汤就有一种随意自由的气质。它可以让你如同画家一样轻松自在，使你在放下工作，回到家里系上围裙的那一刻，抛开任何负担或者束缚，丢掉繁杂的技巧和沉重的心情，带着愉悦去做这道汤。在烹饪中感受它带给你的惊喜，体验它带给你的味蕾享受。

## 材料 Ingredient

| | |
|---|---|
| 茭白 | 2 根 |
| 玉米笋 | 100 克 |
| 蒜苗 | 20 克 |
| 培根 | 20 克 |
| 高汤 | 800 毫升 |
| 色拉油 | 1 大匙 |

## 调料 Seasoning

| | |
|---|---|
| 盐 | 1/4 小匙 |
| 鸡精 | 1/4 小匙 |

## 做法 Recipe

1. 将茭白去外壳，洗净沥干水分后切成块状；玉米笋洗净沥干水分，斜切段状；蒜苗洗净沥干水分斜切段状；培根切小片状，备用。

2. 取锅烧干，加入色拉油烧热，放入切好的蒜苗段、培根片爆香后盛起备用。

3. 另取一汤锅，先加入高汤以大火煮至沸腾，放入准备好的茭白块、玉米笋段再度煮至沸腾，并改以小火煮约 15 分钟。

4. 续放入炒好的蒜苗培根片，加入盐、鸡精调味拌匀，煮约 1 分钟即可。

## 小贴士 Tips

- 优质的茭白嫩茎肥大，肉质洁白且带有一定甜味。
- 油锅不要烧太热，以免使蒜苗段和培根片炒煳了。

## 食材特点 Characteristics

茭白：含有丰富的 B 族维生素、蛋白质以及多种矿物质，有解热毒、消除烦渴的作用。

玉米笋：因形状像嫩竹笋尖而得名，又叫珍珠笋，籽粒和幼嫩果穗都可食用，有独特的清香且味道鲜美、口感脆嫩。

*温馨养神汤：*

# 蔬食豆腐养神汤

做蔬食豆腐养神汤时，不经意间就想起了小时候妈妈叮嘱我多喝豆腐汤的情景，温馨而甜蜜。胡萝卜素有"小人参"之称，经过长时间炖煮的大块儿胡萝卜散发着甘甜的气息，再加上清热开胃、甜而脆的莲藕，营养丰富的土豆以及有着鲍鱼口感杏仁香的杏鲍菇，一道清淡滋补的养神汤就出来了。这是一道特别适合清淡饮食者的汤。

## 材料 Ingredient

| | |
|---|---|
| 莲藕 | 60 克 |
| 土豆 | 40 克 |
| 胡萝卜 | 30 克 |
| 豆腐 | 40 克 |
| 杏鲍菇 | 80 克 |
| 水 | 800 毫升 |
| 何首乌 | 40 克 |
| 人参须 | 20 克 |
| 茯苓 | 2 片 |

## 调料 Seasoning

| | |
|---|---|
| 盐 | 1/2 小匙 |

## 做法 Recipe

① 将莲藕、胡萝卜均洗净去皮，切成片备用；杏鲍菇、豆腐洗净备用。

② 土豆、杏鲍菇切滚刀块状，豆腐切厚片。

③ 取一汤锅放入 800 毫升水煮开，放入准备好的莲藕片、胡萝卜片和土豆块煮熟。

④ 续放入豆腐片、杏鲍菇块和剩余材料加盖，用小火焖煮约 5 分钟。

⑤ 起锅前加盐调味即可。

## 小贴士 Tips

✚ 土豆和茯苓一起煲汤有滋补脾胃的效果，适合体质虚弱的人进行温补。

✚ 炖煮的时候，盖上戳了洞的铝箔纸，能让食材更快入味。

✚ 食用茯苓时要注意不可与米醋搭配。

## 食材特点 Characteristics

莲藕：含有淀粉、蛋白质、维生素 C 等成分，有很高的营养价值。生食有清热凉血的作用，熟吃能健脾开胃、益血补心、增强人体免疫力、促进消化。

何首乌：性微温，味苦、甘，其根块儿可以入药，是常见的中药材，有明显补肝肾、益精血等功效，也可用于治疗慢性肝炎、须发早白等症，适合煮汤食用。

# 有容乃大：
# 家常罗汉汤

"海纳百川，有容乃大"，罗汉汤在我心里就有这样广阔的胸襟和宽容气度，它代表着惜福、节俭、宽容。罗汉汤在各地都很常见，做法大致相同，只是食材略有差别。

## 材料 Ingredient

| | |
|---|---|
| 西蓝花 | 100 克 |
| 杏鲍菇 | 70 克 |
| 土豆 | 80 克 |
| 胡萝卜 | 50 克 |
| 西芹 | 40 克 |
| 姜片 | 30 克 |
| 水 | 800 毫升 |
| 鸡蛋 | 1 个 |
| 玉米笋 | 适量 |

## 调料 Seasoning

| | |
|---|---|
| 盐 | 1 小匙 |

## 做法 Recipe

❶ 将西蓝花洗净，切成小朵备用，然后把胡萝卜、土豆去皮，与西芹、玉米笋、杏鲍菇一起洗净切成大块，再把鸡蛋打散成蛋液，备用。

❷ 将准备好的除去蛋液之外的所有材料和姜片、水一起放入汤锅中，再加入盐煮约 30 分钟。

❸ 起锅前倒入蛋液，搅拌成蛋花，煮至沸腾即可。

## 小贴士 Tips

➕ 处理西芹时可抽掉表层的纤维也就是抽筋，这样做出来的西芹更脆嫩。

舌尖上的诱惑：

# 西蓝花土豆胡萝卜汤

西蓝花土豆胡萝卜汤是美味又简单的懒人汤，它有一种花团锦簇的景象，还有一种甜蜜相守的温馨。仿佛走进一片美丽的花园，深浅的红、层层重叠的绿、紧密的白，闭上眼脑海中闪过的就是亮丽的风景，还有扑鼻而来的香味。面对这样一道诱惑人心，挑逗舌尖的好汤，还在犹豫什么，马上动手吧！

| 材料 Ingredient | | 调料 Seasoning | |
| --- | --- | --- | --- |
| 西蓝花 | 150 克 | 盐 | 1/2 小匙 |
| 土豆 | 150 克 | 米酒 | 1 小匙 |
| 胡萝卜 | 100 克 | 胡椒粉 | 少许 |
| 洋葱片 | 100 克 | 味醂 | 1 大匙 |
| 水 | 适量 | 香油 | 少许 |

## 做法 Recipe

1. 先将西蓝花洗净，切成小朵，再把土豆、胡萝卜洗净去皮，切成小块备用。

2. 取汤锅加入水煮沸，再放入切好的土豆块、胡萝卜块煮 15 分钟，然后放入洋葱片、西蓝花煮熟。

3. 起锅前加入盐、米酒、胡椒粉、味醂、香油调味，煮匀即可。

不能错过的美味：

# 蒜香鸡汤

　　大蒜是极受欢迎的烹饪配料，小时候妈妈炒菜做饭，总是少不了大蒜，大蒜炒菜常见，但是以大蒜为主料的炖汤却不常见，蒜香鸡汤便是一道不能错过的美味汤。大蒜和鸡肉都是随手可得的家常食材，将它们一起入锅，然后等在一边，不像只是等待一道鲜美的鸡汤，更像是在慢慢等待幸福的降临。

## 材料 Ingredient

| | |
|---|---|
| 鸡腿 | 600克 |
| 大蒜 | 100克 |
| 姜片 | 30克 |
| 水 | 600毫升 |

## 调料 Seasoning

| | |
|---|---|
| 盐 | 1 茶匙 |
| 米酒 | 40 毫升 |

## 做法 Recipe

❶ 先将鸡腿清洗干净，剁成小块。

❷ 再把大蒜剥皮去蒂备用。

❸ 将准备好的鸡腿块、大蒜与姜片一起放入内锅，加入水及米酒。

❹ 用一层保鲜膜包住内锅，然后放入电锅中，在外锅加一碗水，然后盖上锅盖，按下开关，蒸至开关跳起，开盖后加盐调味即可。

## 小贴士 Tips

✚ 若有条件，可以选择土鸡或者乌鸡，更有营养。

✚ 煮鸡汤时可能会出现浮沫，所以可以先把鸡腿氽烫一下，掠去浮沫，以免影响汤的味道和美观。

不期而遇的美味：

# 菜花鸡肉浓汤

　　菜花鸡肉浓汤，一道与我不期而遇的美味汤。菜花如同一捧盛开的花朵，在绿叶的衬托下，愈发洁白惹人爱。如今菜花分割成了数个小花朵散落在鸡肉浓汤中，在胡萝卜、西芹的搭配下更显美丽，清淡的口感瞬间俘获你的舌尖。

## 材料 Ingredient

| | |
|---|---|
| 菜花 | 200 克 |
| 胡萝卜 | 30 克 |
| 洋葱 | 1/2 个 |
| 西芹 | 2 根 |
| 大蒜 | 适量 |
| 鸡胸肉 | 适量 |
| 高汤 | 800 毫升 |
| 香芹叶 | 适量 |
| 食用油 | 适量 |
| 月桂叶 | 2 片 |
| 奶油 | 1 小匙 |

## 调料 Seasoning

| | |
|---|---|
| 黑胡椒粉 | 少许 |
| 大蒜粉 | 1 小匙 |
| 盐 | 1/2 小匙 |

## 做法 Recipe

1. 先将菜花洗净切成小朵；大蒜剥皮切丁备用。

2. 再把胡萝卜、洋葱、西芹洗净切成丁状备用。

3. 然后将鸡胸肉清洗干净切成小丁状，备用。

4. 将锅置于火上加食用油烧热，加入切好的大蒜丁和鸡胸肉丁，以大火炒香，再加入切成小朵的菜花和胡萝卜丁、洋葱丁、西芹丁，再加入月桂叶、大蒜粉、奶油、盐调味，以中火翻炒匀。

5. 在做法 4 中续放入高汤，盖上锅盖，以中火煮约15 分钟，起锅前撒上香芹叶、黑胡椒粉即可。

# 酸菜竹笋汤

　　酸菜竹笋汤是一道清淡养生的汤品，味道清雅绵长。汤以酸菜和竹笋为主材，辅以姜、香菜烹饪而成，其中酸菜味道酸爽、开胃，竹笋自古就是"菜中珍品"，味道鲜香、脆嫩，有开胃健脾的功效，二者相结合颇有增强食欲的效果。制作酸菜竹笋汤很有讲究，食材要选用鲜嫩的，切块时要粗刀大块，不宜添加味道厚重的调料，力求汤味鲜香清淡。

## 材料 Ingredient

| | |
|---|---|
| 酸菜 | 50 克 |
| 竹笋 | 80 克 |
| 姜 | 20 克 |
| 水 | 1000 毫升 |
| 香菜叶 | 适量 |

## 调料 Seasoning

| | |
|---|---|
| 盐 | 1/2 小匙 |

## 做法 Recipe

① 先将酸菜切小段后，冲洗一下去除杂质，沥干备用。

② 再把竹笋去壳洗净切片，姜洗净切成小片备用。

③ 锅中加入水以大火煮沸，放入切好的酸菜段、竹笋片、姜片，转小火焖煮 30 分钟。

④ 最后放入盐调味，撒上香菜叶即可。

似是故人归：

# 普罗旺斯白豆彩蔬锅

　　普罗旺斯白豆彩蔬锅就有这样的魅力，明明是与之初相识，却总有一种恰似故人的熟悉感，虽然来自遥远的异乡，却总有一股说不清道不明的亲切感，令人忍不住想与之亲密接触。对于它的独特，越是接触就越容易着迷，已经不再是局限于远处默默地注视凝望，而是渴望更深入地了解它为何如此美味以及如何制作。

## 材料 Ingredient

| | |
|---|---|
| 白豆 | 150克 |
| 洋葱 | 1个 |
| 番茄 | 1个 |
| 西芹 | 50克 |
| 土豆 | 1个 |
| 圆白菜 | 50克 |
| 西葫芦 | 1/2根 |
| 胡萝卜 | 1/2根 |
| 西蓝花 | 30克 |
| 食用油 | 适量 |
| 蔬菜高汤 | 1300毫升 |
| 月桂叶 | 3片 |

## 调料 Seasoning

| | |
|---|---|
| 盐 | 1 小匙 |

## 做法 Recipe

1. 先将白豆用冷水浸泡约 3 个小时备用。
2. 将洋葱、土豆、胡萝卜洗净去皮切丁；番茄、西芹、圆白菜、西葫芦、西蓝花清洗干净切丁，备用。
3. 将锅置于火上加食用油烧热，把浸泡过的白豆及做法 2 的所有材料放入锅中炒香、炒软。
4. 续加入蔬菜高汤和月桂叶炖煮 20 分钟。
5. 起锅前加入盐调味即可。

## 小贴士 Tips

+ 切洋葱的时候可以先把刀放到冷水里浸泡一会儿，再切的时候就不会流泪了，或者将洋葱放入热水中浸泡 3 分钟再切也可以。
+ 烹调白豆前也可以用热水氽烫，一定要煮熟后再食用，不然会引起食物中毒。

## 食材特点 Characteristics

白豆：也就是眉豆，营养十分丰富，含有蛋白质、脂肪、糖类及膳食纤维等成分，其中的 B 族维生素含量尤其丰富，适宜有烦躁、恶心、消化不良等症状的人群食用。

西葫芦：含有丰富的维生素 C 和葡萄糖等成分，常食可以改善肤色，补充肌肤水分，还有调节人体新陈代谢、减肥等功效。

*浓郁醇厚的美食：*

# 洋风蔬菜锅

　　香甜舒爽的玉米笋与色泽明亮的红甜椒、黄甜椒搭配，再加上嫩绿脆爽的西蓝花，整道汤看起来很美观。加了红酱的汤汁，呈现出浓艳的美丽，味道更加浓郁醇厚。倘若晚餐端上这道汤，定能成为全场主角，让你的舌尖尝过之后便停不下来。

## 材料 Ingredient

| | |
|---|---|
| 红甜椒 | 1个 |
| 黄甜椒 | 1个 |
| 玉米笋 | 100 克 |
| 西蓝花 | 150 克 |
| 水 | 1000 毫升 |

## 调料 Seasoning

| | |
|---|---|
| 红酱 | 250 克 |

## 做法 Recipe

① 先将红甜椒、黄甜椒、玉米笋、西蓝花均洗净。

② 再把红甜椒、黄甜椒切条；玉米笋对半切；西蓝花切成小朵备用。

③ 取一锅，倒入水以大火烧开，将切好的红甜椒片、黄甜椒片、玉米笋、西蓝花全部放入锅中，再放入红酱煮熟即可享用。

## 久久不散的美味：

# 萝卜马蹄汤

即便是对于挑剔的美食家来说，看似简单的萝卜马蹄汤也能够被称为玉盘珍馐。白萝卜的白嫩、胡萝卜的红艳，点缀些许绿色的芹菜段，使香味浓郁的萝卜马蹄汤观之赏心悦目，闻之鲜香扑鼻，尝之唇齿留香，真是色香味俱全，最经典的美味汤大抵也不过如此吧。

| 材料 Ingredient | |
| --- | --- |
| 马蹄 | 200 克 |
| 白萝卜 | 150 克 |
| 胡萝卜 | 100 克 |
| 芹菜段 | 适量 |
| 姜片 | 15 克 |
| 水 | 800 毫升 |

| 调料 Seasoning | |
| --- | --- |
| 盐 | 1/2 小匙 |
| 鸡精 | 1/4 小匙 |

### 做法 Recipe

1. 将马蹄去皮洗净；白萝卜和胡萝卜均洗净，去皮，切成小块，一起放入沸水中余烫约 10 秒，取出洗净与姜片一起放入电锅内锅中，再倒入水。

2. 把做法 1 的内锅放入加了 1 杯清水的电锅的外锅中。

3. 盖上锅盖，按下开关，蒸至开关跳起，再加入芹菜段焖煮片刻，最后加盐、鸡精调味即可。

浓郁风味:

# 南瓜养生汤

南瓜养生汤是一道乍看就特别吸引眼球的汤，南瓜的橙黄、红枣的深红以及甜豆荚的翠绿，所有的颜色挤在一起，看着觉得特别温暖。南瓜养生汤中的美白菇和蟹味菇本身爽嫩滑口，又很好地吸收了其他食材的营养和味道，更添浓郁。

## 材料 Ingredient

| | |
|---|---|
| 南瓜 | 200克 |
| 蟹味菇 | 40克 |
| 美白菇 | 40克 |
| 甜豆荚 | 40克 |
| 红枣 | 6颗 |
| 水 | 750毫升 |

## 调料 Seasoning

| | |
|---|---|
| 盐 | 1/2 小匙 |

## 做法 Recipe

1. 将南瓜洗净去皮、去籽，切成块状；蟹味菇、美白菇去蒂洗净；甜豆荚去头尾洗净切成段；红枣洗净备用。

2. 取一汤锅，加入水煮沸，放入切好的南瓜块和洗净的红枣煮约 15 分钟。

3. 续放入蟹味菇、美白菇、甜豆荚煮至熟透，最后加入盐拌匀即可。

最是家常：

# 芥菜咸蛋汤

芥菜咸蛋汤在我的记忆里是一道很家常的汤。小时候我们还住在相对拥挤的单位房中,几家人也共用一个厨房,谁家做了好吃的都会给其他人家尝尝。我每次放学回家都会在公共厨房徘徊很久,尝遍百家饭,芥菜咸蛋汤便是那时最真切的记忆。如今的芥菜咸蛋汤经过我自己的再加工,和记忆中的味道已经有所不同,但是更多了一份温暖的家的感觉。

## 材料 Ingredient

| 芥菜 | 80克 |
| 胡萝卜 | 10克 |
| 黄花菜 | 15克 |
| 咸蛋黄 | 3个 |
| 蛋清 | 适量 |
| 水 | 800毫升 |

## 调料 Seasoning

| 盐 | 1小匙 |

## 做法 Recipe

1 将芥菜放入沸水中余烫去除苦涩的味道,再切成片状备用;黄花菜泡入水中至软。

2 把胡萝卜去皮洗净切成片状;咸蛋黄压扁也切成小片状;蛋清打散备用。

3 锅中放入水煮沸,将准备好的芥菜、黄花菜、胡萝卜片、咸蛋黄片放入锅中。

4 再放入盐调味,最后倒入蛋清即可。

## 恰似你的云淡风轻：
# 椰汁红枣鸡盅

　　海南的美丽透着一股云淡风轻，澄静的海水、碧蓝如洗的天空，还有阳光折射下刺眼的沙滩，脚踩在上面就能感受到它的柔软舒适，椰汁红枣鸡盅就是恰似这样美丽的汤。揭开盖子，浓浓的椰香扑鼻而来，和我一起感受这份美妙吧！

### 材料 Ingredient

| | |
|---|---|
| 鸡肉 | 300克 |
| 青椰子 | 1个 |
| 红枣 | 12颗 |
| 姜片 | 30克 |
| 水 | 适量 |

### 调料 Seasoning

| | |
|---|---|
| 米酒 | 50 毫升 |
| 盐 | 1 茶匙 |

### 做法 Recipe

1. 将青椰子洗净切开，椰汁倒入容器中。
2. 把鸡肉洗净后剁成小块备用。
3. 锅中注水煮沸，将剁好的鸡肉块下锅氽烫约 1 分钟后取出。
4. 捞出的鸡肉块用冷水洗净沥干备用。
5. 把鸡肉块放入电锅内锅，加入准备好的椰汁、米酒、红枣及姜片，加 2 杯水于外锅中，盖上锅盖，按下开关，待开关跳起，加入盐调味即可。

### 小贴士 Tips

- 电子锅做法同电锅一样，但水量要增加 100 毫升，按下开关后，炖煮约 40 分钟即可关掉开关。
- 挑选椰子时要注意选取外皮完整且摇起来听不见响声的，这样的椰子味道更清新。

# 看似平凡的
# 明星蔬菜

"多吃蔬菜，绿色又健康"，这是我们常听到的一句话。蔬菜中含有的多种维生素，是人体生长发育不可缺少的营养素。蔬菜不仅营养，而且大多数蔬菜都有美容健身的功效，所以蔬菜在大多爱美女性的眼中有着不可替代的地位。蔬菜的颜色各异，有翠绿的、鲜红的、白嫩的……与其他食材搭配在一起，会让你的菜肴魅力倍增，成为色香味俱全的美味佳肴。

# 引美食爱好者折腰
# 的美味

　　小时候的你有被妈妈"骗"过的经历吗？大多数人一定都和我一样有过这样的经历。每次遇到不想吃的蔬菜时候，就会趁着妈妈不注意，把蔬菜挑出来扔掉。但妈妈像有一双火眼金睛似的，总能第一时间发现我偷偷扔掉了什么。然后皱着眉头说："不吃青菜就不会长头发，而且还不会长牙，你想做没有头发和牙齿的小姑娘吗？"小小懵懂的我总是信以为真，不得不吃掉不喜欢的蔬菜。

　　为了改掉我这个坏习惯，妈妈想尽一切办法，从原先的盯梢吃饭到后来的变着花样做饭，尽力把蔬菜做的色香味俱全。比如我不喜欢吃胡萝卜，妈妈就试着改变做法或者添加一些特殊的调料，掩盖胡萝卜本身的味道，最后成功改掉我不喜欢吃胡萝卜的习惯。

　　长大之后，随着知识的积累增多，才发现原来小时候妈妈都是"骗"我的，不吃蔬菜并不会掉牙，也不会不长头发，但是会营养不良，而且经常吃蔬菜，好处多多，作为爱美爱俏的姑娘，你能错过这些天然的美容食品吗？

　　蔬菜的做法简单而且大多都很美味，并且有些还带有一些历史故事。宫保圆白菜就是其中之一。宫保原为官员的官衔，相传，百姓为了纪念被追封为"太子太保"的丁宝桢，便把他喜欢吃的辣椒炒虾肉的做法取名为"宫保"，一直流传至今，并出现了许多这种做法的菜肴，如宫保鸡丁、宫保圆白菜……美味爽口的味道与口感，引无数美食爱好者尽折腰。

　　我以前最讨厌吃的蔬菜之一就是菠菜，吃的时候有一种涩涩的味道，而且吃过之后那种涩涩的味道久久不能散去。其实，菠菜清炒味道还是很不错的，在下锅之前，用热水氽烫一下，入热热的油锅，然后再放一点辣椒片，就会让菠菜散发出诱人的气息。

　　每一种蔬菜都有其独特的味道，我曾经看过一档美食节目，里面介绍有关于蔬菜的不同做法。作为一个美食爱好者，不仅只是吃，而且还要努

有关于蔬菜的不同做法。作为一个美食爱好者，不仅只是吃，而且还要努力发掘其中的价值，虽然有一定的困难，但是为了自己的健康和味蕾着想，还是要尽力自己动手，去学习，试着了解每一种蔬菜的特性，然后做出美味可口的菜肴来。时常为家人做上一份营养蔬菜，调节一下单调的口味，是很不错的选择。

麻辣爽口：

# 宫保圆白菜

　　一直喜欢宫保圆白菜麻辣的味道和爽脆的口感，它是家里餐桌上的常客。宫保圆白菜所用食材较少，制作简单，青白相间的圆白菜配上几粒蒜味花生和些许的干辣椒，色泽清雅，令人食欲大振。此外，圆白菜味甘、性平，有润肺、健胃的功效，因此这道菜也有一定的食疗功效。

## 材料 Ingredient

| | |
|---|---|
| 圆白菜 | 300 克 |
| 干辣椒 | 10 克 |
| 花椒粒 | 5 克 |
| 大蒜 | 10 克 |
| 蒜味花生 | 适量 |
| 食用油 | 适量 |

## 调料 Seasoning

| | |
|---|---|
| 盐 | 1/2 小匙 |
| 鸡精 | 少许 |

## 做法 Recipe

1. 将圆白菜洗净切片；大蒜剥皮切成末；干辣椒切段。
2. 将锅置于火上，倒入适量食用油烧热，放入干辣椒、花椒粒、蒜末以大火爆香。
3. 转中火加入切好的圆白菜片拌炒均匀，再加入蒜味花生翻炒。
4. 最后加入盐、鸡精调味即可。

## 小贴士 Tips

- 宫保圆白菜要炒出香辣的味道，就要加入干辣椒和花椒粒，二者搭配锅中的油就会带有独特的又香又麻的味道，从而凸显这道菜的风味。
- 吃到花椒粒舌头会又苦又麻，不喜欢这味道的人可以在爆香后将花椒粒捞出。
- 避免辣椒呛鼻，可以先把油烧至冒烟然后倒入盛有辣椒的容器中制成辣椒油，这样既可以做出辣椒的香辣味，也可以避免爆香时呛鼻。

## 食材特点 Characteristics

圆白菜：含有丰富的维生素 U，对肠胃炎有一定的食疗功效，多吃圆白菜可以增进食欲，促进消化，还可以预防便秘。

花椒：呈圆形，大小如绿豆，是一种常见的烹饪配料，可以去除各种肉类的腥气，具有增进食欲、促进血液循环的作用。

最具人气川味：

# 圆白菜回锅肉

　　川菜素以善用麻辣调味而著称，食者无不被它鲜香浓郁的口味所征服，尤其是喜吃辣者。圆白菜回锅肉是川菜中人气特别旺的一道菜，水分含量丰富、热量低的圆白菜搭配回锅肉，肥而不腻，美味至极，特别适合搭配米饭。

## 材料 Ingredient

| | |
|---|---|
| 圆白菜 | 300 克 |
| 熟五花肉 | 100 克 |
| 蒜苗段 | 40 克 |
| 红尖椒片 | 15 克 |
| 食用油 | 适量 |

## 调料 Seasoning

| | |
|---|---|
| 辣豆瓣酱 | 2 大匙 |
| 米酒 | 1 大匙 |
| 酱油 | 少许 |
| 白糖 | 1 小匙 |

## 做法 Recipe

1. 将熟五花肉切片；圆白菜洗净切片，备用。
2. 把圆白菜放入沸水中汆烫至微软，捞出沥干备用。
3. 锅置火上倒入适量食用油烧热，放入蒜苗段、红尖椒片以大火爆香，再放入肉片炒至油亮。
4. 然后加入辣豆瓣酱炒香，转中火再加入切好的圆白菜片翻炒均匀，最后加入米酒、酱油、白糖调味，翻炒均匀即可。

## 小贴士 Tips

+ 因为五花肉是熟的，炒得太久口感会变差，汆烫圆白菜是为了减少翻炒的时间。
+ 想要保持圆白菜的脆嫩，可以将圆白菜的菜梗去掉，只留叶子，然后将其放入蒸锅中蒸一分钟，取出沥干水分即可。

## 食材特点 Characteristics

五花肉：是猪腹部肥瘦相间的肉，最嫩也最多汁。手摸略感黏手，肉上没有血，肥肉和瘦肉红白分明且颜色鲜艳的五花肉为优质五花肉。

白糖：用在菜肴中具有增甜、缓和酸味和咸味等作用。除此之外，白糖还可制成调色剂，以及使食品霜化。

# 冰明玉润天然色:
# 蟹肉西蓝花

蟹肉西蓝花是一道家常小炒，清、香、脆、嫩、爽、鲜，保留了蟹肉和西蓝花的原有味道。蟹脚肉在翠绿的西蓝花的掩映下散发出莹莹白光，没有过多的配料雕琢修饰，爽脆可口，鲜而不腻，淡而不俗，由内而外渗透出天然本色。

## 材料 Ingredient

| | |
|---|---|
| 西蓝花 | 280 克 |
| 蟹脚肉 | 20 克 |
| 大蒜 | 适量 |
| 胡萝卜 | 适量 |
| 蛋清 | 适量 |
| 色拉油 | 1 大匙 |
| 红尖椒 | 少许 |

## 调料 Seasoning

| | |
|---|---|
| 盐 | 1/2 小匙 |
| 胡椒粉 | 少许 |
| 香油 | 少许 |

## 做法 Recipe

1. 先将西蓝花洗净后切成小朵状，放入沸水中余烫约1分钟，再放入冰水里面冰镇一下备用。
2. 将蟹脚肉放入沸水中余烫；红尖椒洗净切片，备用。
3. 再将大蒜剥皮切片；胡萝卜洗净去皮切丝。
4. 锅置火上烧热，倒入色拉油，以大火爆香蒜片、红尖椒片、胡萝卜丝，再加入余烫过的西蓝花和蟹脚肉一起快速翻炒均匀，然后转中火加入蛋清勾芡。
5. 最后加入盐、胡椒粉、香油调味即可。

## 小贴士 Tips

+ 将西蓝花放入加了盐和色拉油的沸水中余烫1分钟，捞出晾干翻炒，既可以保持颜色青绿，也可以去除农药。
+ 吃不完的螃蟹可以用一块儿湿布盖住，放到冰箱冷藏室里。

## 食材特点 Characteristics

西蓝花: 营养成分非常高，含有丰富的蛋白质、维生素C和胡萝卜素等成分，经常食用可以健脑壮骨、补脾和胃，还有促进人体新陈代谢的作用。

蟹脚肉: 肉体呈透明的白，肉质有弹性、柔软，含有丰富的蛋白质和多种矿物质，有活血化淤的功效，但是对蟹过敏或有过敏性皮炎、过敏性哮喘的人应少吃或不吃。

成熟于霜雪飘落时：

# 烧肉白菜

白菜在霜雪飘落时成熟，是北方冬天餐桌上的常见食物，不仅叶嫩多汁，而且营养丰富，味道鲜美，故有"冬日白菜美如笋"的美称。与梅花肉一起演绎出烧肉白菜的动人风华，再点缀些许的白芝麻，更增添了一丝醇香。

## 材料 Ingredient

| 白菜 | 500 克 |
| --- | --- |
| 梅花肉片 | 100 克 |
| 蒜末 | 10 克 |
| 葱末 | 10 克 |
| 白芝麻 | 少许 |
| 食用油 | 适量 |

## 腌料 Marinade

| 白糖 | 1/4 小匙 |
| --- | --- |
| 米酒 | 1 小匙 |
| 酱油 | 1 小匙 |
| 姜汁 | 1 小匙 |
| 水淀粉 | 适量 |

## 调料 Seasoning

| 盐 | 1/2 小匙 |
| --- | --- |
| 鸡精 | 1/2 小匙 |

## 做法 Recipe

1. 先将白菜洗净切段；梅花肉片加入所有腌料腌渍约 15 分钟备用。

2. 将切好的白菜段放入沸水中余烫至软，捞出沥干水分备用。

3. 将锅置于火上，倒入 3 大匙的食用油烧热，然后放入梅花肉片煎至颜色变白，再加入蒜末、葱末、白芝麻一起拌炒均匀。

4. 续放入余烫过的白菜段炒匀。

5. 最后加入盐、鸡精调味即可。

# 盐味白菜炒虾仁

　　盐味白菜炒虾仁里里外外透着低调。它看似平淡无奇，其实内涵丰富而又有营养，是蛋白质含量较高的菜肴之一。每次端上餐桌都会引起一阵哄抢，令做者欣慰，吃者满足。所谓的玉盘珍馐大抵就是这样吧！

## 材料 Ingredient

| | |
|---|---|
| 白菜 | 200 克 |
| 虾仁 | 200 克 |
| 大蒜 | 适量 |
| 橄榄油 | 适量 |
| 水 | 适量 |

## 腌料 Marinade

| | |
|---|---|
| 白糖 | 1/4 小匙 |
| 米酒 | 1 小匙 |
| 酱油 | 1 小匙 |
| 姜汁 | 1 小匙 |
| 水淀粉 | 适量 |

## 调料 Seasoning

| | |
|---|---|
| 盐 | 1/2 茶匙 |

## 做法 Recipe

1. 将虾仁洗净，放入腌料搅拌均匀后，放置 10 分钟；白菜洗净切成粗丝；大蒜剥皮切成片状，备用。

2. 锅置火上，倒入适量水煮沸，加入虾仁氽烫，变色后捞起沥干备用。

3. 另取一不粘锅倒入适量橄榄油，以大火爆香蒜片。

4. 续放入切好的白菜丝拌炒后，转中火加 1 杯水焖煮至软化，再放入虾仁拌炒均匀。

5. 最后加入盐调味即可。

琥珀珍珠：

# 白果烩炒白菜

白果烩炒白菜是一道精致的素菜，炒熟后的白果色泽金黄，犹如一颗颗琥珀珍珠，配上青白相间的大白菜和红艳的胡萝卜，色泽淡雅，味道清香，特别适合素食爱好者。白果烩炒白菜虽看起来清淡，但营养价值却很高。其中白果营养丰富，蛋白质、维生素和微量元素含量丰富，加上黑木耳、大白菜以及胡萝卜等日常食用的食材，营养成分多样。

## 材料 Ingredient

| | |
|---|---|
| 山东大白菜 | 50 克 |
| 白果 | 80 克 |
| 胡萝卜 | 30 克 |
| 黑木耳 | 20 克 |
| 葱 | 15 克 |
| 姜片 | 10 克 |
| 蒜片 | 10 克 |
| 高汤 | 100 毫升 |
| 食用油 | 适量 |
| 水 | 适量 |

## 调料 Seasoning

| | |
|---|---|
| 盐 | 1/2 小匙 |
| 鸡精 | 1/2 小匙 |
| 米酒 | 1 小匙 |
| 香油 | 少许 |
| 水淀粉 | 少许 |

## 做法 Recipe

1. 将山东大白菜去头后剥下叶片洗净、切块备用；胡萝卜、黑木耳洗净切片；葱洗净切段分葱白段与葱绿段备用。

2. 锅中加入水用大火煮沸，然后放入切好的山东大白菜块，煮至软后，捞出备用。

3. 再把切好的胡萝卜片、黑木耳片与白果分别放入沸水中余烫捞出备用。

4. 将锅中倒入食用油烧热，加入切好的葱白段、姜片与蒜片一起爆香，再加入准备好的白果、高汤、山东大白菜、胡萝卜片与黑木耳片一起煮沸。

5. 续加入盐、鸡精、米酒和剩下的葱绿段一起拌匀，倒入水淀粉，最后滴入香油拌匀即可。

## 小贴士 Tips

+ 个头大、包裹紧密、白色及手感较沉的白菜相对比较甘甜。

## 食材特点 Characteristics

山东大白菜：含有丰富的蛋白质、多种维生素和钙、磷等多种矿物质，与不同肉类搭配做菜，可以使肉更加鲜美。

白果：含有丰富的蛋白质、淀粉、糖类以及维生素和多种微量元素，营养十分丰富，具有益肺气、辅助治咳喘的作用，还可以滋阴养颜、抗衰老。

# 万条垂下绿丝绦：
# 蛋黄酱炒四季豆

蛋黄酱炒四季豆如杨柳岸垂下的万条绿丝绦，姿态飘逸出尘，似碧玉妆般浑然天成。美食的种类越来越多，人们的要求也越来越高，四季豆清脆中，散发出浓郁的奶香，尝起来还有一丝幸福的味道，蛋黄酱与四季豆自此结下良缘。面对如此一盘色香味俱全的美食，即使再挑剔的人也该满足了。

## 材料 Ingredient

| | |
|---|---|
| 四季豆 | 150 克 |
| 蒜末 | 1/2 小匙 |
| 奶酪丝 | 30 克 |
| 鱼子 | 适量 |
| 食用油 | 适量 |
| 水 | 适量 |

## 调料 Seasoning

| | |
|---|---|
| 蛋黄酱 | 适量 |

## 做法 Recipe

1. 将锅置于火上，倒入适量水煮沸，把四季豆放入沸水中氽烫一下，然后捞起放进冷水中冷却，再捞出沥干水分备用。

2. 另取锅置于火上，倒入适量食用油烧热，放入氽烫过的四季豆、蒜末稍微拌炒一下，再加入蛋黄酱和奶酪丝翻炒均匀。

3. 最后倒入盘中，撒上鱼子即可。

## 小贴士 Tips

+ 优质的四季豆颜色嫩绿、豆荚饱满、表皮光洁没有虫蛀，并且用手折断后没有老筋，可先用清水浸泡20 分钟再烹饪。

+ 奶酪开始食用后，保质期会比较短，所以一定要先密封好再放入冰箱中。

+ 买的鱼子最好当时吃掉，吃不完的话要用保鲜膜包裹好再放入冰箱的冷冻室中，不然会串味。

## 食材特点 Characteristics

**四季豆**：在北方叫豆角，可以单独清炒，也可以与肉类一起炖煮，氽烫熟凉拌是很不错的选择。

**鱼子**：含有大量的蛋白质、钙、磷、铁和维生素等物质，也含有丰富的胆固醇，有利于人类大脑的发育和骨髓生长。

# 大珠小珠落玉盘：
# 四季豆炒鸡丁

四季豆炒鸡丁有一种脱离世俗的禅意和宁静之美，四季豆和鸡丁的搭配赋予了这道菜华丽优雅的身影，又有大珠小珠落玉盘的清脆之感。鸡丁个个如珞，四季豆粒粒如珠，鸡丁的芳香与四季豆的硬朗相互缠绕，淡而不腻。丰富的色彩，就是看着也令人赏心悦目。

## 材料 Ingredient

| | |
|---|---|
| 四季豆 | 200 克 |
| 胡萝卜 | 60 克 |
| 鸡肉 | 100 克 |
| 蒜末 | 10 克 |
| 食用油 | 适量 |
| 水 | 适量 |

## 腌料 Marinade

| | |
|---|---|
| 盐 | 少许 |
| 米酒 | 1 小匙 |
| 水淀粉 | 少许 |

## 调料 Seasoning

| | |
|---|---|
| 盐 | 1/4 小匙 |
| 鸡精 | 少许 |
| 香油 | 少许 |
| 白胡椒粉 | 少许 |

## 做法 Recipe

1. 取一锅倒入水煮沸，放入四季豆余烫后，捞出切成丁状；胡萝卜去皮洗净切成丁状后余烫，备用。
2. 把鸡肉清洗干净切成丁状，然后加入盐、米酒、水淀粉腌渍约 10 分钟备用。
3. 另取一锅加入适量食用油烧热，放入蒜末爆香，再加入鸡丁炒至变白。
4. 续加入准备好的胡萝卜丁和四季豆丁翻炒均匀。
5. 最后加入盐、鸡精、香油、白胡椒粉调味即可。

## 小贴士 Tips

+ 四季豆要完整下锅余烫再切丁，这样可以避免甜分散失。
+ 胡萝卜因为比较耐煮，切成丁后再余烫可以加快熟透的速度。

## 食材特点 Characteristics

四季豆：是餐桌上常见的蔬菜之一，含有大量的维生素 K 和铁元素，研究发现维生素 K 能够强壮骨骼，增加骨质疏松症患者的骨质密度，其中的可溶性纤维能够降低胆固醇。

盐：是烹饪中常用的调料，它的作用很广泛，可以杀菌消毒，并且盐还有消炎止痛、保护口腔卫生的作用，炒菜做汤最忌讳高温时放盐，会降低盐中碘的食用率，最好在快出锅时放盐。

# 别有一番滋味：
# 蟹脚烩萝卜块

　　这道菜看似复杂，其实并不难，腌料主要是为了去除蟹脚肉的腥味，此菜营养丰富，口感独特，别有一番滋味。红白相间的艳丽色调，配上几片香菜叶，卖相极佳。若是晚餐端上一盘蟹脚烩萝卜块，定会让人眼前一亮。我想就算是最挑剔的美食爱好者，也会被这道色香味俱佳的菜肴所吸引，并且从此爱上它。

## 材料 Ingredient

| | |
|---|---|
| 白萝卜 | 200 克 |
| 胡萝卜 | 200 克 |
| 蟹脚肉 | 250 克 |
| 大蒜 | 适量 |
| 色拉油 | 适量 |
| 香菜叶 | 适量 |

## 腌料 Marinade

| | |
|---|---|
| 米酒 | 1 大匙 |
| 盐 | 少许 |
| 水淀粉 | 1 茶匙 |

## 调料 Seasoning

| | |
|---|---|
| 水淀粉 | 适量 |
| 盐 | 1 茶匙 |

## 做法 Recipe

❶ 先将蟹脚肉加入所有腌料搅拌均匀，腌渍约 15 分钟，再放入沸水中氽烫至熟，然后捞出沥干备用。

❷ 将大蒜剥皮切成末；胡萝卜、白萝卜均洗净、削皮，然后切成块状，备用。

❸ 将锅置于火上，加入适量色拉油烧热，然后放入蒜末以大火爆香，接着放入胡萝卜块、白萝卜块转中火翻炒均匀，再加入盖过材料的清水，煮至软。

❹ 续放入氽烫好的蟹脚肉拌炒均匀。

❺ 最后加入水淀粉、盐调味，饰以香菜叶即可。

## 小贴士 Tips

➕ 蟹脚肉用盐水解冻后，腥味会比较重，需要先用米酒腌制去除腥味。

➕ 胡萝卜和白萝卜尽量煮至变软，这样可以更加容易入味。

## 食材特点 Characteristics

白萝卜：是一种常见的蔬菜品种，生吃或者熟食均可，味道略微辛辣，具有促进消化、增加食欲和加快肠胃蠕动的作用。

水淀粉：有绿豆水淀粉、土豆水淀粉等不同种类，水淀粉可以增加汤汁的浓稠度，保持菜肴的鲜香滑嫩，还有一定的保温作用。

愛，就是在一起吃飯的

*清新素食晚餐：*

# 香菇烩芥蓝

　　对于素食主义爱好者来说，香菇烩芥蓝是一道不能错过的经典菜肴，爽脆而不硬韧，淡而有味，鲜香浓郁。既达到了素食的要求，又满足了味蕾的享受，而且蚝油也为这道菜做了点睛之笔。蚝油堪称万能调料，无论是炒、烩、烧，还是做汤、拌面、炖鱼都可用其调味，香菇烩芥蓝有了蚝油的加盟，味道更加鲜香。

## 材料 Ingredient

| | |
|---|---|
| 芥蓝 | 400克 |
| 鲜香菇片 | 20克 |
| 大蒜 | 适量 |
| 红尖椒片 | 10克 |
| 胡萝卜片 | 10克 |
| 橄榄油 | 适量 |

## 调料 Seasoning

| | |
|---|---|
| 盐 | 1/2 小匙 |
| 白胡椒粉 | 少许 |
| 蚝油 | 1 大匙 |
| 鸡精 | 1/2 小匙 |

## 做法 Recipe

❶ 先将芥蓝清洗干净，沥干水分，再将老叶部分修剪掉；大蒜剥皮洗净切片备用。

❷ 将洗好的芥蓝放入加了少许橄榄油和盐的沸水中略余烫后，捞起沥干盛盘。

❸ 起锅，加入少许橄榄油烧热，加入鲜香菇片、蒜片、红尖椒片和胡萝卜片以中火翻炒。

❹ 续加入盐、鸡精、蚝油、白胡椒粉调味炒匀，最后淋在余烫好的芥蓝上即可。

## 小贴士 Tips

➕ 在制作香菇烩芥蓝时添加少量的豉油、白糖调味，然后起锅前再放入少量的料酒，味道会更好。

➕ 芥蓝也可用沸水焯熟做凉拌菜。

## 食材特点 Characteristics

芥蓝：鲜脆、清甜，味道鲜美，是中国特产的蔬菜之一，含有多种矿物质、膳食纤维和糖类，具有清心明目的作用，其中独特的苦味成分奎宁，能够抑制过度兴奋的中枢神经，起到清热解暑的作用。

红尖椒：维生素 C 的含量在蔬菜中位居第一，并且钙、铁的含量也很丰富，因表皮中含有辣椒素而有辣味，这种辣椒素能够促进唾液分泌，促进胃的蠕动，增强食欲，有驱寒、杀菌的作用。

## 不倒雪里翁：
# 雪里蕻炒豆干丁

　　我喜欢在绿油油青菜前转悠，看着那一簇簇新鲜水灵的青菜，便会心生欢喜。雪里蕻的营养价值极高，含有大量的维生素 C，能够提神醒脑，也是具有减肥效果的绿色蔬菜代表，与美味又营养的豆干相搭配，简直是一场味觉盛宴。

## 材料 Ingredient

| | |
|---|---|
| 雪里蕻 | 220 克 |
| 豆干 | 160 克 |
| 红尖椒 | 10 克 |
| 姜 | 10 克 |
| 葵花籽油 | 2 大匙 |

## 调料 Seasoning

| | |
|---|---|
| 盐 | 1/4 小匙 |
| 白糖 | 少许 |
| 香菇粉 | 少许 |

## 做法 Recipe

❶ 将雪里蕻洗净切成丝状；豆干洗净切成丁状，备用。

❷ 把红尖椒洗净切成小段；姜也洗净切成末，备用。

❸ 热锅倒入葵花籽油，以中火爆香切好的姜末，然后放入红尖椒段、豆干丁拌炒至微干。

❹ 锅中放入切好的雪里蕻转小火继续翻炒片刻，最后加入盐、白糖、香菇粉调味即可。

## 小贴士 Tips

✚ 豆干要在锅中炒至无水分，味道和口感才会更好。

✚ 因为雪里蕻很容易炒熟，所以加入雪里蕻后稍微翻炒即可。

## 食材特点 Characteristics

雪里蕻：叶片大，呈淡绿色，在秋冬季节因叶子会变成紫红色而得名，含有大量的维生素 C，具有提神醒脑、消肿解毒等作用。腌制之后的雪里蕻会有一种特殊的鲜味和香味，能够促进肠胃蠕动，增加食欲，帮助消化。

豆干：豆腐干的简称，是汉族特有的豆制品之一，咸香爽口，硬中带韧，营养十分丰富，含有大量的蛋白质、脂肪以及人体所需的钙、铁、磷等多种矿物质，能够补充钙质，促进骨骼发育，被称为"素火腿"。

# 菠萝炒苦瓜

炎热沉闷的夏天，你还在为吃什么而烦躁吗？来试一试菠萝炒苦瓜吧！这是专属于夏天的消暑神器，白苦瓜、青苦瓜、菠萝如同晶莹剔透的露珠，散发着水润光泽和独特的清香，光是看着就已觉清凉。菠萝炒苦瓜不仅有清热解暑的功效，而且还可以美白肌肤。

## 材料 Ingredient

| | |
|---|---|
| 白苦瓜 | 150 克 |
| 青苦瓜 | 150 克 |
| 菠萝 | 60 克 |
| 姜末 | 10 克 |
| 食用油 | 适量 |

## 调料 Seasoning

| | |
|---|---|
| 盐 | 1/4 小匙 |
| 白糖 | 少许 |
| 鸡精 | 少许 |

## 做法 Recipe

❶ 先将白苦瓜与青苦瓜都洗净去籽，刮除内瓤切成片状，然后放入沸水中余烫一下；菠萝去皮切成丁状备用。

❷ 热锅，倒入适量的食用油，放入姜末爆香，再放入切好的白苦瓜片、青苦瓜片、菠萝丁拌炒均匀。

❸ 最后加入盐、白糖、鸡精调味拌匀即可。

苦尽甘来：

# 咸蛋苦瓜

　　苦瓜恰如其名，味道微苦。大多数人喜欢吃苦瓜其中的一个原因是夏日天气炎热，吃苦瓜可以清凉解暑，另外一个原因是人们确实是被苦瓜独特的味道所吸引。咸蛋搭配苦瓜，遮住了苦瓜微苦的味道。喜欢苦瓜的人会更喜欢，未尝过的人尝过一次便会爱上它。

| 材料 Ingredient | | 调料 Seasoning | |
|---|---|---|---|
| 苦瓜 | 350 克 | 盐 | 1/2 小匙 |
| 咸蛋 | 2 个 | 白糖 | 1/4 小匙 |
| 蒜末 | 10 克 | 鸡精 | 1/4 小匙 |
| 红尖椒段 | 10 克 | 米酒 | 1/2 大匙 |
| 葱末 | 10 克 | | |
| 食用油 | 适量 | | |

### 做法 Recipe

❶ 先将苦瓜洗净去头尾，剖开挖掉瓤，去籽切成片状，然后放入沸水中略汆烫后捞出冲水沥干，再把咸蛋去壳切成小片备用。

❷ 另取一炒锅加入食用油烧热，放入蒜末和切好的咸蛋片以大火爆香。

❸ 续加入红尖椒段、葱末与汆烫过的苦瓜片翻炒均匀。

❹ 最后加入盐、白糖、鸡精、米酒拌炒至入味即可。

## "食"在有味:
# 菜花炒腊肉

这是一道不寻常的家常菜,它的精髓在于微辣的红尖椒片和清甜的米酒。红尖椒片一入油锅便散发出阵阵香辣气息,米酒的清香在翻炒中逐渐向外渗透。汤汁中带着米酒的香味,让你的味蕾在不自觉中跳动,使你食欲大开。

### 材料 Ingredient

| | |
|---|---|
| 菜花 | 400克 |
| 腊肉 | 100克 |
| 葱段 | 15克 |
| 蒜末 | 15克 |
| 红尖椒片 | 15克 |
| 水 | 300毫升 |
| 色拉油 | 适量 |

### 调料 Seasoning

| | |
|---|---|
| 盐 | 1/2 小匙 |
| 白糖 | 1/2 小匙 |
| 鸡精 | 1/2 小匙 |
| 米酒 | 1 大匙 |
| 香油 | 适量 |
| 水淀粉 | 适量 |

### 做法 Recipe

1. 先将菜花洗净,切成小朵,然后放入沸水中余烫至熟,捞起沥干备用。
2. 再把腊肉去皮、切片,放入沸水余烫至软备用。
3. 锅中倒入适量色拉油烧热,放入蒜末、红尖椒片、葱段爆香。
4. 加入准备好的菜花和腊肉片翻炒均匀,然后加入适量水继续翻炒。
5. 续加入水淀粉除外的所有调料煮至汤汁沸腾。
6. 最后以水淀粉勾芡即可。

### 小贴士 Tips

- 若条件允许,色拉油可以改成橄榄油,这样会更加营养健康。
- 选购腊肉时注意,优质的腊肉肉质条纹均匀、脂肪色泽雪白,触摸时肉质干爽、紧致有弹性。

### 食材特点 Characteristics

菜花:又称为花菜,其口感鲜美,含有丰富的B族维生素和维生素C,益于消化吸收,特别适合中老年人以及消化功能不强的人食用,但是受高温易分解,所以菜花不适合高温烹调,也不适合水煮。

腊肉:腊肉是腌制过后的肉经过烘烤或是曝晒制成的肉制品,具有独特的风味。腊肉防腐能力强,可以保存很长时间。

# 重拾童趣：
# 山药枸杞子菠菜

山药枸杞子菠菜听其名字就感觉这是一道营养丰富的美味佳品，山药具有平补脾胃的功效，能够促进消化；枸杞子是常见的滋补品；而菠菜含有丰富的维生素以及矿物质，可见这道菜肴的营养成分是多么丰富。山药枸杞子菠菜不仅营养丰富，做起来也很简单快捷，将准备好的食材拌炒即可，色泽清雅，是很好的晚餐选择。

## 材料 Ingredient

| | |
|---|---|
| 菠菜 | 250克 |
| 山药 | 100克 |
| 姜 | 15克 |
| 枸杞子 | 适量 |
| 橄榄油 | 适量 |

## 调料 Seasoning

| | |
|---|---|
| 盐 | 1/4 小匙 |
| 鸡精 | 少许 |

## 做法 Recipe

1. 将菠菜洗净切成段状；姜洗净切成片状；山药去皮切成片状，然后泡入水中备用。

2. 热锅，倒入橄榄油烧热，放入姜片以大火爆香，放入泡好的山药片及切好的菠菜段拌炒均匀，后转小火加入枸杞子炒匀。

3. 最后加入盐、鸡精调味即可。

## 小贴士 Tips

- 山药带有独特的黏滑特性，正好可以将菠菜苦涩的口感中和。
- 山药需泡水，否则外表黏不易操作，枸杞子后放，不然易烂。
- 选用菠菜时，要选用色泽翠绿、红色根茎、无开花、不带烂叶的为佳。

## 食材特点 Characteristics

山药：山药是常见的滋补品，具有助消化、改善脾胃的功效。如今很多家常菜肴中都会用到山药，是药食两用的佳品。

菠菜：含有丰富的类胡萝卜素、维生素C、维生素K以及铁、钾等多种矿物质成分，常食不仅会使人面色红润，远离缺铁性贫血，而且有助于清洁皮肤，抵抗衰老，促进人体生长发育，增强体质。

# 宫廷御宴:
# 酱爆茄子

酱爆茄子是一道很有名气的菜肴，其中的主料茄子又名落苏，古代时曾是宫廷御宴，可见其美味。茄子很常见，也常吃，酱爆后的茄子不仅味道鲜香，而且营养丰富，还具有美容养颜的功效。那绵软的茄子段像极了翩翩起舞的女子柔软的腰肢，那淡紫色的外观好像涂抹的口红，妩媚而又诱惑，好想一口把它吃下去。

## 材料 Ingredient

| | |
|---|---|
| 茄子 | 350克 |
| 肉丝 | 80克 |
| 蒜末 | 10克 |
| 蒜苗片 | 30克 |
| 红尖椒片 | 15克 |
| 食用油 | 适量 |

## 调料 Seasoning

| | |
|---|---|
| 豆瓣酱 | 1 大匙 |
| 酱油 | 1 小匙 |
| 米酒 | 1 大匙 |
| 盐 | 1/4 小匙 |
| 香油 | 少许 |
| 白糖 | 1/2 小匙 |

## 做法 Recipe

1. 先将茄子洗净后切段，热油锅，倒入较多的食用油，待油温热至160℃，放入茄子段炸至微软再放入蒜苗片、红尖椒片过油后，一起取出沥油备用。

2. 锅留底油，放入蒜末以中火爆香，然后放入肉丝炒至变色，再放入豆瓣酱炒香。

3. 放入茄子、蒜苗、红尖椒片加米酒转小火继续翻炒均匀。

4. 最后加入盐、酱油、香油和白糖炒至入味即可。

## 小贴士 Tips

- 茄子切好可以先浸泡盐水防止氧化变黑，或者先过油，因为过油也可以防止氧化，就不需要泡水，以免入油锅时产生油爆。
- 豆瓣酱本身带有咸味，再放盐的时候可以适当少放。

## 食材特点 Characteristics

蒜苗：又叫青蒜，是大蒜幼苗发展到一定阶段的青苗，有蒜的香辣味道，其中含有丰富的维生素 C 以及蛋白质、胡萝卜素等营养成分。蒜苗的辣味来自辣素，这种辣素具有消积食的作用。

酱油：是我国传统的调味品，其色泽呈黄褐色，滋味鲜美，有独特的酱香味，它可以产生天然的防氧化成分，具有防癌、抗癌的功效。在烹调时加入一定量的酱油，可以增加食物的香味，促进食欲。

# 源自美丽的误会：
# 鱼香茄子

相传一户生意人家特别喜欢吃鱼，所以在烧鱼时用料特别讲究。后来有一天，女主人为了不浪费配料，把烧鱼剩下的配料放入了正在炒的茄子中，谁知丈夫回来对这道菜赞叹不已。这道菜因是采用烧鱼配料而炒，故名为"鱼香茄子"。如今，经过多次改进的"鱼香茄子"，已经成为餐桌上常见的菜肴。

## 材料 Ingredient

| | |
|---|---|
| 茄子 | 300克 |
| 猪绞肉 | 100克 |
| 姜末 | 10克 |
| 蒜末 | 10克 |
| 红尖椒 | 10克 |
| 葱花 | 适量 |
| 食用油 | 适量 |

## 调料 Seasoning

| | |
|---|---|
| 辣豆瓣酱 | 2大匙 |
| 米酒 | 1大匙 |
| 乌醋 | 1小匙 |
| 酱油 | 少许 |
| 白糖 | 少许 |
| 水淀粉 | 少许 |
| 盐 | 1/4 小匙 |

## 做法 Recipe

1. 将茄子洗净后切成段；红尖椒洗净切成小段备用。
2. 锅中倒入适量食用油烧热，放入切好的茄子炸至微软后，取出沥油备用。
3. 锅留底油，放入蒜末、姜末、红尖椒段爆香，再放入猪绞肉炒至变色，放入辣豆瓣酱炒香。
4. 续放入炸好的茄子翻炒均匀，再加入盐、米酒、乌醋、酱油、白糖和葱花炒至入味。
5. 最后加入水淀粉勾芡即可。

## 小贴士 Tips

+ 茄子在入炒锅之前经过油炸，可以确保茄子在其他料理程序中，维持鲜亮的颜色。
+ 辣豆瓣酱可以根据个人口味适当添加，也可以换其他的豆瓣酱代替。

## 食材特点 Characteristics

茄子：吃法有很多，带皮吃茄子有利于促进人体对维生素C的吸收。夏天吃茄子有助于清热解毒，其中的维生素P有防止出血和抗衰老作用。

猪肉：鱼香肉丝中的肉用的是猪肉，猪肉含有丰富的蛋白质、脂肪以及钙、铁、磷等多种矿物质，具有滋阴润燥、补虚强身、丰肌泽肤的功效。

紫茄香郁：

# 豆豉茄子

豆豉茄子是一道简单的家常菜，原料简单、制作简易，非常适宜晚餐时享用。烹饪时将紫红的茄子切得稍微厚一点，这样炒好的茄子口感更好，配上豉香浓郁的豆豉，吃上一口，味道清香，满口的饱满感。要是再配上几碟其他的美味菜，和家人围在餐桌前，聊聊家常，很有幸福的味道。

| 材料 Ingredient | | 调料 Seasoning | |
| --- | --- | --- | --- |
| 茄子 | 350克 | 豆豉 | 20克 |
| 罗勒 | 20克 | 白糖 | 1/2 小匙 |
| 红尖椒 | 10克 | 盐 | 1/4 小匙 |
| 姜 | 10克 | 鸡精 | 1/4 小匙 |
| 葵花籽油 | 1大匙 | | |
| 水 | 150毫升 | | |

## 做法 Recipe

❶ 将罗勒取嫩叶洗净；红尖椒、姜洗净切成片，备用。

❷ 把茄子洗净去头尾，然后切成段状；锅中倒入适量葵花籽油烧热，放入切好的茄子段炸至微软后捞出，沥干油备用。

❸ 锅留底油，以大火爆香姜片，然后放入豆豉炒香，再放入红尖椒片和炸好的茄子段拌炒均匀。

❹ 续放入白糖、盐、鸡精和水拌炒均匀，再放入洗净的罗勒炒至入味即可。

人生若只如初见：

# 黑麻油上海青炒鸡片

黑麻油上海青炒鸡片是一道特别接地气的菜肴，不管吃过多少次，总是初尝时的味道。它爽嫩的口感和鲜香的味道深入人心，再加上姜丝、枸杞子和米酒的味道完全渗入到鸡肉中，使其口感更加鲜嫩。黑麻油、鸡片与上海青完美组合，带给你别样的味蕾享受，让你的晚餐在愉悦的气氛中度过。

## 材料 Ingredient

| | |
|---|---|
| 上海青 | 250克 |
| 鸡肉 | 150克 |
| 黑麻油 | 3大匙 |
| 姜 | 20克 |
| 枸杞子 | 适量 |

## 调料 Seasoning

| | |
|---|---|
| 盐 | 1/4 小匙 |
| 米酒 | 1 大匙 |
| 鸡精 | 少许 |

## 做法 Recipe

❶ 将上海青切除蒂头后洗净；鸡肉洗净切片；姜切成丝备用。

❷ 热锅，倒入黑麻油，加入姜丝以中火爆香，放入鸡肉片炒至变白。

❸ 续加入上海青、枸杞子、米酒转小火拌炒均匀。

❹ 最后加入盐、鸡精炒匀即可。

美味可口的"强身剂"：

# 虾仁炒上海青

对于喜欢吃上海青的人来说，就不得不提虾仁炒上海青，酥软浓郁的虾仁，清甜爽口的上海青，不但补充了身体所需的营养而且还解了馋。虾仁蛋白质含量丰富，还含有维生素 A 和钾、碘、镁、磷、钙等多种矿物质，对身体虚弱的人大有补益。

| 材料 Ingredient | | 调料 Seasoning | |
| --- | --- | --- | --- |
| 上海青 | 200克 | 盐 | 1/2 小匙 |
| 虾仁 | 100克 | 鸡精 | 少许 |
| 冬笋 | 30克 | 乌醋 | 少许 |
| 黑木耳 | 15克 | 水淀粉 | 适量 |
| 胡萝卜 | 15克 | | |
| 葱段 | 10克 | | |
| 大蒜 | 10克 | | |
| 食用油 | 适量 | | |

## 做法 Recipe

❶ 将上海青洗净；大蒜剥皮洗净切片；黑木耳、胡萝卜、冬笋洗净切成小片；虾仁去肠泥后洗净氽烫至熟备用。

❷ 热锅，倒入适量的食用油，放入蒜片、葱段以大火爆香，加入氽烫好的虾仁和黑木耳片、胡萝卜片、冬笋片拌炒均匀。

❸ 续加入上海青和盐、鸡精、乌醋拌炒均匀。

❹ 最后以水淀粉勾芡即可。

旧时光里的情怀：

# 香菇炒上海青

　　这是一道地道的家常菜，是我一直无法割舍的老家情怀。爸爸特别喜欢吃上海青，而我特别喜欢吃香菇，每次看到这道菜就会掩饰不住喜欢之情。这道菜伴随着我们一家人走过了最艰苦的岁月，陪伴我从童年走向成年，见证了我从稚嫩走向成熟。香菇炒上海青饱含着浓浓的家的温情，是值得品味的家常菜。

## 材料 Ingredient

| | |
|---|---|
| 上海青 | 120克 |
| 香菇 | 2朵 |
| 猪五花肉 | 30克 |
| 大蒜 | 适量 |
| 色拉油 | 适量 |

## 调料 Seasoning

| | |
|---|---|
| 香油 | 1 小匙 |
| 盐 | 1/2 小匙 |
| 胡椒粉 | 少许 |

## 做法 Recipe

① 将上海青一片片剥开切成段，再泡入冰水里面冰镇；大蒜剥皮切成片，备用。

② 将香菇洗净切成片；猪五花肉洗净切丝备用。

③ 起一个平底锅，倒入适量色拉油，加入蒜片、香菇片和猪五花肉丝一起以大火翻炒爆香。

④ 续放入上海青转小火翻炒，然后上盖稍焖片刻。

⑤ 最后加入盐、胡椒粉、香油调味即可。

小家碧玉：

# 炒上海青

　　上海青的个头小巧，模样婉约柔美，在菜市场上总是嫩白的根茎全都朝向外面，被一个个地摆在那里，一排排、一圈圈，在一片蔬菜水果中尤其安静乖巧，像极了亭亭玉立的女子，用上海青装饰过的菜盘也会因此变得生动许多。上海青的味道清甜可口，油炸豆皮鲜香爽脆，两者入炒锅中略微翻炒即可，呈现出一种小家碧玉的美。

## 材料 Ingredient

| | |
|---|---|
| 上海青 | 200克 |
| 油炸豆皮 | 50克 |
| 大蒜 | 适量 |
| 橄榄油 | 1茶匙 |

## 调料 Seasoning

| | |
|---|---|
| 盐 | 1/2 茶匙 |
| 鸡精 | 1/4 小匙 |

## 做法 Recipe

1. 将油炸豆皮切成条，余烫、沥干备用。
2. 把上海青洗净切成段；大蒜剥皮洗净切片备用。
3. 取一不粘锅放入橄榄油烧热，以中火爆香蒜片，再加入切好的油炸豆皮和上海青略微拌炒。
4. 最后加入盐、鸡精调味即可。

花重锦官城:

# 甜豆炒彩椒

　　春天的风中混合着新鲜泥土味和青草香，还有各种花香，所有的味道都在略微湿寒的空气里酝酿发酵。翠绿的甜豆，明亮的黄甜椒，似艳阳的红甜椒，呈现出一片万紫千红的景象。甜豆炒彩椒是一道具有春天气息的菜肴。

| **材料** Ingredient | | **调料** Seasoning | |
|---|---|---|---|
| 甜豆 | 150克 | 盐 | 1/4 小匙 |
| 蒜片 | 10克 | 鸡精 | 少许 |
| 红甜椒 | 60克 | 米酒 | 1 大匙 |
| 黄甜椒 | 60克 | | |
| 橄榄油 | 适量 | | |

## 做法 Recipe

❶ 将甜豆去除头尾及两侧粗丝洗净；红甜椒、黄甜椒去籽切条，洗净备用。

❷ 热锅，倒入适量的橄榄油，放入蒜片爆香。

❸ 再加入摘好的甜豆炒 1 分钟，然后放入红甜椒、黄甜椒以及米酒拌炒均匀。

❹ 最后加入盐、鸡精调味即可。

# 香飘万家：
# 甜豆炒蟹脚肉

蟹脚肉是一种营养丰富的海产品，透明的色泽、弹性的口感让其备受欢迎；甜豆营养价值高，是一种高档细菜。蟹脚肉搭配上甜豆，不仅保留了蟹脚肉和甜豆丰富的营养成分，而且味道香醇。炒过后的蟹脚肉洁白晶莹，配上翠绿的甜豆和黄色的胡萝卜，清雅的色泽看着就让人胃口大开。

## 材料 Ingredient

| | |
|---|---|
| 甜豆 | 200克 |
| 蟹脚肉 | 100克 |
| 玉米笋 | 30克 |
| 蟹味菇 | 30克 |
| 胡萝卜片 | 25克 |
| 大蒜 | 10克 |
| 热水 | 适量 |
| 食用油 | 适量 |

## 调料 Seasoning

| | |
|---|---|
| 盐 | 1/4 小匙 |
| 鸡精 | 少许 |
| 米酒 | 1 大匙 |

## 做法 Recipe

① 将甜豆去除头尾及两侧粗丝洗净；蟹脚肉放入沸水中余烫一下，然后捞出备用。

② 玉米笋洗净切成片状；蟹味菇洗净剥散；大蒜剥皮洗净切片备用。

③ 锅中倒入适量的食用油烧热，放入蒜片以中火爆香，再放入准备好的玉米笋、胡萝卜片、蟹味菇、甜豆以及米酒拌炒均匀，然后加入余烫好的蟹脚肉和热水转小火翻炒均匀。

④ 最后加入盐、鸡精调味即可。

## 小贴士 Tips

⊕ 炒不易出水的蔬菜时，可以加入适量的热水，防止再加入材料时锅中温度下降，延长炒菜的时间。若是炒菜时间拉长，菜就容易变黄变黑，口感也会变差。

⊕ 挑选甜豆时以青绿鲜嫩，没有斑点的为佳，还有豆粒越是饱满甜豆越甜。

## 食材特点 Characteristics

玉米笋：含有丰富的蛋白质、维生素和多种矿物质，还可以加工成罐头。

胡萝卜：是一种营养丰富、质脆味美的蔬菜，被誉为"东方小人参"，中医认为胡萝卜有补中益气，辅助治疗消化不良，健胃消食等作用。

白玉翡翠：

# 甜豆炒虾仁

白玉翡翠原是广东的一道名菜，在这里其实是指甜豆炒虾仁，虾仁在绿如翡翠的甜豆的映照下更显得晶莹剔透，对于妈妈的拿手绝活甜豆炒虾仁，我已获得真传，每次回家必定大显身手。现在不再像以前一样每次都忐忑不安，直到他们露出满意的表情，紧张感才会消失，如今取而代之的是自信满满，任君品尝。

## 材料 Ingredient

| | |
|---|---|
| 虾仁 | 250克 |
| 甜豆 | 200克 |
| 黑木耳 | 30克 |
| 胡萝卜 | 20克 |
| 蘑菇 | 40克 |
| 大蒜 | 10克 |
| 高汤 | 50毫升 |
| 食用油 | 适量 |

## 腌料 Marinade

| | |
|---|---|
| 盐 | 少许 |
| 米酒 | 1 小匙 |
| 水淀粉 | 少许 |

## 调料 Seasoning

| | |
|---|---|
| 盐 | 1/2 小匙 |
| 鸡精 | 1/2 小匙 |
| 胡椒粉 | 少许 |

## 做法 Recipe

1. 先将虾仁清洗干净沥干，加入盐、米酒、水淀粉搅拌均匀腌渍约 10 分钟备用。

2. 再把甜豆去头尾粗丝洗净；大蒜剥皮洗净切片；黑木耳洗净切成长片状；胡萝卜洗净去皮切成片状；蘑菇洗净切片备用。

3. 将锅中倒入少许食用油烧热，放入腌制好的虾仁，炒至颜色变红就马上捞起沥油。

4. 另取一炒锅，倒入 2 大匙食用油，以大火爆香蒜片，放入胡萝卜片、黑木耳片、蘑菇片及甜豆炒数下，再加入高汤炒 1 分钟后加入虾仁炒匀。

5. 最后加入盐、鸡精、胡椒粉调味即可。

## 小贴士 Tips

+ 虾仁脆嫩，冻住的虾仁不宜硬扯，一般放在常温或是流动的自来水中解冻最好，要是时间紧急可以在微波炉稍微加热解冻。

## 食材特点 Characteristics

虾仁：营养价值十分高，含有丰富的蛋白质、维生素、钾、碘、磷等物质，具有补肾壮阳、增强身体免疫力的功效。

蘑菇：含有人体所必需的多种氨基酸和矿物质等营养成分，是一种高蛋白、低脂肪的菌类食物，常食可有效延缓衰老，促进人体新陈代谢。

美味养颜菜:

# 海参焖娃娃菜

海参是常见的滋补海产品，是世界八大珍品之一，营养丰富。海参以其深沉内敛的气质造就了海参焖娃娃菜的雍容气度。单独的海参略显单调，配上淡黄的娃娃菜，整道菜看色泽就会亮丽许多。在晚餐中来上一份味道香浓、营养丰富的海参焖娃娃菜，这样的晚餐可以算是一道大餐了。

## 材料 Ingredient

| | |
|---|---|
| 娃娃菜 | 250克 |
| 海参 | 200克 |
| 甜豆 | 30克 |
| 红甜椒 | 30克 |
| 葱 | 20克 |
| 姜片 | 10克 |
| 高汤 | 200毫升 |
| 食用油 | 适量 |
| 水 | 适量 |

## 调料 Seasoning

| | |
|---|---|
| 盐 | 1/4 小匙 |
| 鸡精 | 1/4 小匙 |
| 白糖 | 1/4 小匙 |
| 米酒 | 1 大匙 |
| 蚝油 | 1/2 大匙 |
| 水淀粉 | 少许 |

## 做法 Recipe

❶ 将娃娃菜洗净后去底部，对半切；海参洗净，切成小块；甜豆洗净去头尾，切段；红甜椒洗净去籽，切片；葱洗净切段备用。

❷ 锅中倒入适量水煮沸，分别将娃娃菜、甜豆及海参放入沸水中汆烫后捞出。

❸ 另取炒锅，倒入 2 大匙食用油烧热，先放入姜片、葱段和红甜椒片一起以中火爆香，再加入准备好的海参和鸡精、白糖、米酒还有蚝油一起快炒均匀。

❹ 续加入高汤、娃娃菜和甜豆翻炒均匀，然后盖上锅盖焖煮至入味。

❺ 起锅前再加入盐调味，水淀粉勾芡即可。

## 小贴士 Tips

✛ 干海参要提前放入清水中泡发，但时间不宜过长，以免营养流失。

✛ 娃娃菜、甜豆和海参放入炒锅之前汆烫，目的是汆出多余水分，使味道更加醇厚。

## 食材特点 Characteristics

娃娃菜：是从国外引进的新的蔬菜品种，被称为微型大白菜，经常食用有养胃生津、清热解毒、除烦解渴等功效。

海参：不仅是珍贵的食品也是名贵的药材，世界八大珍品之一。具有提高记忆力、延缓衰老、补肾养血、防治动脉硬化等作用。

爱，就是在一起吃晚餐

*芙蓉向面两边开：*

# 玉米烩娃娃菜

当素食主义逐渐成为一种时尚，人们越来越喜欢这种简单而又有风味的饮食。对于崇尚素食的人来说，玉米烩娃娃菜是不错的选择。一盘玉米烩娃娃菜端上来，扑鼻的玉米香和蟹味菇香，还有散落其上的红甜椒丁，真是色香味俱全。因为有了玉米烩娃娃菜，素食不再单一，而是别有风味。

## 材料 Ingredient

| | |
|---|---|
| 玉米粒 | 150克 |
| 娃娃菜 | 200克 |
| 蟹味菇 | 适量 |
| 大蒜 | 10克 |
| 红甜椒 | 适量 |
| 食用油 | 适量 |
| 水 | 适量 |

## 调料 Seasoning

| | |
|---|---|
| 盐 | 1/4 小匙 |
| 蚝油 | 少许 |
| 乌醋 | 少许 |
| 香油 | 少许 |
| 水淀粉 | 适量 |

## 做法 Recipe

1. 先将娃娃菜洗净，对半切开放入沸水中余烫至熟，然后取出沥干盛盘备用。

2. 红甜椒洗净切成丁状；蟹味菇洗净；大蒜剥皮洗净切片备用。

3. 另取一炒锅，倒入适量食用油，放入蒜片以大火爆香，再加入玉米粒拌炒约2分钟。

4. 续加入蟹味菇、红甜椒丁及适量清水炒匀，再加入盐、蚝油、乌醋、香油煮至入味，然后加水淀粉勾芡成汁。

5. 最后将做好的芡汁淋在准备好的娃娃菜上即可。

## 小贴士 Tips

+ 娃娃菜不适合长时间的炖煮，因此大都是烫熟或是快炒，否则会破坏鲜嫩的口感。

+ 优质的蚝油色泽较为鲜明，味道醇厚略带甜味。

## 食材特点 Characteristics

蚝油：是传统的鲜味调料，由牡蛎熬制而成，其味道鲜美，香味浓郁，含有丰富的锌元素，常食可增强人体免疫力。

乌醋：是福建地区有名的传统调味佳品，以优质糯米、白糖、高级红曲等原料酿制而成，其味酸中带甜，醇香爽口且久藏不腐。

# 完美搭配:
# 蒜头酥龙须菜

蒜头酥龙须菜是道让人看一眼就心动的菜肴，在这之前，我从未想过蒜头酥可以和龙须菜完美地制造出如此让人垂涎欲滴的美味。蒜头酥如其名，香酥诱人，搭配上龙须菜，丝丝缠绕，略微翻炒，满室皆是浓郁的芳香气味。嫩绿的颜色、清脆爽滑的口感，带给你不一样的美味体验和别样的感动。

## 材料 Ingredient

| | |
|---|---|
| 龙须菜 | 120克 |
| 大蒜 | 适量 |
| 蒜头酥 | 10克 |
| 食用油 | 适量 |
| 水 | 适量 |

## 调料 Seasoning

| | |
|---|---|
| 酱油 | 1 大匙 |
| 白糖 | 1/2 小匙 |
| 香油 | 1 大匙 |

## 做法 Recipe

1. 将锅中加入水煮沸，龙须菜洗净切段状，放入沸水中余烫至熟，然后捞出盛盘备用。
2. 把大蒜剥皮洗净切成蒜末备用。
3. 另取一炒锅置于火上，加入适量食用油烧热，放入蒜末和蒜头酥以大火炒香，接着加入酱油、白糖、香油调味炒匀。
4. 然后把做好的酱汁淋在准备好的龙须菜上即可。

## 小贴士 Tips

- 挑选大蒜时尽量挑选紫皮且大粒饱满，蒜瓣之间有明显的圆弧，这样的大蒜杀菌效果更明显。
- 在余烫龙须菜的时候可以加入少许盐和色拉油，可以让龙须菜吃起来口感更滑嫩。

## 食材特点 Characteristics

龙须菜：有很高的食用和药用价值，含有丰富的蛋白质、淀粉等成分，常食有助于清热解毒、利湿助消化，还可以养颜瘦身、增强免疫力。

大蒜：其中所含的含硫化合物可以起到强力杀菌、降低血脂和预防糖尿病的作用，经常食用大蒜还有改善皮肤粗糙的效果。

冬日里的温暖：

# 辣炒羊肉空心菜

　　羊肉与空心菜的相遇为寒冷的冬日带来了一袭温暖，在没有遇见之前谁也不知道谁，偶然的碰撞便擦出了火花，成就了一道经典的菜肴，如今辣炒羊肉空心菜已经成为餐桌上的新宠。羊肉温润的口感与空心菜的硬脆清香丝丝入扣，相互缠间带出火辣的味道，舒爽可口，既营养，又暖胃，最适合出现在冬天的晚餐中。

## 材料 Ingredient

| | |
|---|---|
| 空心菜 | 50克 |
| 羊肉片 | 100克 |
| 姜末 | 10克 |
| 大蒜 | 10克 |
| 辣椒片 | 10克 |
| 食用油 | 适量 |

## 调料 Seasoning

| | |
|---|---|
| 辣椒酱 | 1大匙 |
| 米酒 | 1大匙 |
| 鸡精 | 1/4 小匙 |
| 盐 | 1/4 小匙 |

## 做法 Recipe

1. 将空心菜洗净切段，分为菜梗和菜叶两部分；大蒜剥皮洗净切片备用。
2. 锅中倒入适量的食用油烧热，放入姜末、蒜片、辣椒片以大火爆香，加入羊肉片转中火炒至变色，再加入辣椒酱翻炒均匀，然后盛出羊肉片备用。
3. 锅留底油，先加入空心菜梗炒至颜色变翠绿，再加入空心菜叶、羊肉片炒匀。
4. 最后加入米酒、鸡精、盐调味即可。

## 小贴士 Tips

- 空心菜叶不耐炒，所以空心菜梗先入锅，菜梗炒熟后再放入菜叶炒匀，颜色会更鲜亮。
- 想要把空心菜保存的时间变长，最好是带着根一起放在冰箱里。
- 没有注水或是新鲜的羊肉用手触摸时会感觉到黏糊糊的。

## 食材特点 Characteristics

空心菜：含有胡萝卜素、矿物质、糖类、维生素等物质，具有解毒、清热凉血、降低血糖、增强体质等作用。

羊肉：含有丰富的蛋白质、维生素以及钙、磷、铁等矿物质，最适宜冬季食用，具有补血益气、温中暖胃的功效。

# 一见倾心：
# 苹果丝空心菜

　　苹果丝空心菜颜色亮丽、味道鲜香、口感丰富，是一道名副其实的色香味俱全的菜品。其中，苹果是水果中美容养颜的佳品，还具有减肥的功效。空心菜也不再独来独往，它与苹果的相遇是一场美丽的邂逅，两者一起开始了一场美味独特的旅程。

## 材料 Ingredient

| | |
|---|---|
| 空心菜 | 150克 |
| 苹果 | 100克 |
| 胡萝卜 | 30克 |
| 大蒜 | 10克 |
| 食用油 | 适量 |

## 调料 Seasoning

| | |
|---|---|
| 盐 | 1/4 小匙 |
| 鸡精 | 1/4 小匙 |
| 米酒 | 1 大匙 |

## 做法 Recipe

1. 将空心菜洗净切段，分为菜梗和菜叶部分；苹果、胡萝卜洗净去皮切成丝状；大蒜剥皮洗净切片备用。
2. 锅中倒入适量的食用油烧热，放入蒜片以中火爆香，再加入胡萝卜丝及空心菜梗、米酒翻炒均匀。
3. 续放入空心菜叶和苹果丝转小火翻炒均匀。
4. 最后加入盐、鸡精调味即可。

## 小贴士 Tips

+ 为保持空心菜的青翠，在翻炒的时候加入米酒，并以大火快炒，就会使空心菜看起来比较翠绿。
+ 为使苹果保持色香味，在最后放入，稍微翻炒即可。

## 食材特点 Characteristics

苹果:是养颜美容的佳品，不仅有减肥的作用，还能滋润皮肤。苹果含有多种营养成分，具有很好的养生效果，是公认的健康水果之一。

鸡精：味道鲜美，其味主要来自谷氨酸钠，在烹调菜肴中适量加入，能够促进食欲。

# 各有魅力的
# 饭和面

　　不同地域的饮食文化,造就了不同的饮食风俗和习惯,那些不同口味的美食,有的清淡,有的浓郁,都有着不同的特色。"一叶落锅一叶飘,一叶离面又出刀,银鱼落水翻白浪,柳叶乘风下树梢。"若不是亲身体验,怎么会有如此切实的感受。四处走一走,看一看,你会发现世界之大,无奇不有,去享受一次独属于自己的美食之旅吧!

# 多彩的主食之旅

　　主食是碳水化合物特别是淀粉的主要摄入源，能够提供人体所需的大部分能量。南方多以米饭为主，而北方则多以面食为主。对于我这样一个地地道道的北方人来讲，一天之中总是要吃一次面食的。要说面食哪里最出名，那当然是山西了。

　　山西的面食品种多样、内容丰富，即使一个不太擅长做饭的男人也能做出几道常见的面食。据说山西的面食类型之多，一个人一天换三样吃法，三个月绝对没有重样的，于是当地就有了"世界面食在中国，中国面食在山西"的说法。

　　山西刀削面不仅色香味俱全，而且工艺独特，明代程敏政在《傅家面食行》有诗曰："美如甘酥色莹雪，一匙入口心神融"，说的其实就是刀削面。我一向好奇那些一手拿刀，一手托面的人，是如何快速削出厚薄均匀的面条。为此，我回家专门试了一下，结果是厚的厚，薄的薄，最后煮成了一锅面糊。后来去了山西，见过真正的行家之后才知道，原来削面也是一项技术活。

　　除了地道的中国面食，我也比较喜欢意大利面。意大利面不仅耐煮、颜色鲜亮有弹性，而且种类多，有圆直面、蝴蝶面、通心粉、螺丝面、贝壳面……做意大利面最讲究的就是酱料的搭配，不同的酱料决定了意大利面口感的不同。意大利白酱和意大利红酱是意大利面中的主要酱料。意大利白酱由奶油、牛奶和面粉制作而成，意大利红酱是以番茄为主料制作而成的。除了白酱和红酱，还有香草酱、意大利青酱和黑酱等酱料，可谓非常丰富。

　　在电影《美味关系》中，女主凯特和男主尼克从互看不顺眼到彼此喜欢，其中意大利面就发挥了很大的作用。而有厌食症的莲娜也只对尼克的意大利面情有独钟，看着吃得满脸是酱的小女孩儿，即使不爱吃面的人也会忍不住想要尝一尝意大利面的味道。

　　除了对面食的喜爱之外，米饭对于我来说也是难以抵抗的诱惑。米饭有一种特别的饭香味，即使隔着很远也能闻到。以前蒸米饭不像现在有电饭锅，只要把米洗净放进去，然后按刻度加了水就行了。那时候用的锅就是很普通的铁锅，把米淘洗干净放进加了水的盆子里，再在盆子下边支两根筷子，以防最底下的米糊。半个小时之后，散发着清香的米饭就好了，配上几盘小菜，一顿丰盛的晚餐就出来了。吃不完的米饭，妈妈通常会拿来做成炒饭，配上番茄和鸡蛋，略微翻炒，一盘香喷喷的蛋炒饭就出来了。

　　闲暇时间，为家人洗手做羹汤，煮一份或清淡可口，或鲜香浓郁的意大利面，又或者来一份美味的米饭，是一件很幸福的事情。

爱，就是在一起吃晚餐

# 味道刚刚好：
# 芋头油葱饭

芋头油葱饭是一次在朋友家里吃过的，她刚学会了做芋头油葱饭，便兴致勃勃地要给我尝尝，味道还是很不错的。后来回家，我又做给家人吃，只不过我添加了一些白胡椒粉调味，更有味道了。芋头油葱饭很适合上班族，做法快捷方便，自己动手不仅实惠，而且颇有一种乐趣。

## 材料 Ingredient

| | |
|---|---|
| 糯米 | 2 杯 |
| 芋头 | 200 克 |
| 猪绞肉 | 150 克 |
| 葱花 | 40 克 |
| 水 | 2 杯 |

## 调料 Seasoning

| | |
|---|---|
| 红葱油 | 3 大匙 |
| 盐 | 1 小匙 |
| 白胡椒粉 | 1/2 小匙 |

## 做法 Recipe

❶ 先将芋头去皮洗净，切成丁；再把猪绞肉放入沸腾的水中余烫一下，捞出沥干水分备用。

❷ 把糯米洗净沥干，放入电子锅中加入水、红葱油以及盐，铺上切好的芋头丁和猪绞肉，按下煮饭键煮至熟。

❸ 最后撒上白胡椒粉和葱花拌匀即可。

## 小贴士 Tips

➕ 糯米洗的时候不要用力揉搓，不然会使糯米的营养流失。

➕ 最后的葱花和白胡椒粉依据个人喜好适当添加。

## 食材特点 Characteristics

芋头：富含蛋白质、多种维生素以及胡萝卜素等成分，能够增强人体免疫力、促进消化，还可以作为癌症患者的常用药膳。其中所含的矿物质中，氟的含量较高，具有洁齿防龋、保护牙齿的作用。

糯米：含有大量的蛋白质、B 族维生素、淀粉等物质，具有健脾养胃、补中益气等作用，还可以缓解食欲不振、腹痛腹泻。

# 流金百转：
# 港式腊味饭

　　香港素有"美食天堂"的称呼，如果你去香港的话，一定不要错过具有香港家常特色的港式腊味饭，白色的米在颜色鲜亮的腊肠和颜色翠绿的青豆的衬托下愈发显得诱人，浓郁醇厚的味道让人齿颊留香，回味无穷。

### 材料 Ingredient

| | |
|---|---|
| 大米 | 2 杯 |
| 水 | 2 杯 |
| 腊肠 | 200 克 |
| 青豆 | 50 克 |

### 调料 Seasoning

| | |
|---|---|
| 盐 | 1 小匙 |

## 做法 Recipe

❶ 将大米洗净，浸泡水中约 20 分钟，然后沥干备用。

❷ 把腊肠切成小丁块；青豆洗净，备用。

❸ 将泡好的大米和切好的腊肠以及洗净的青豆放入加了适量水的内锅中，再加入适量的盐，然后将内锅放入电子锅中。

❹ 煮至开关跳起后，将煮好的饭翻松，再焖煮约 15 分钟即可。

## 小贴士 Tips

➕ 腊肠本身就有咸度，其中的盐分会释放到大米中，所以根据个人口味可以适当少放一点盐。

➕ 买回家的青豆可以放入水中浸泡一会儿，看是否掉颜色，真正的青豆是不会掉颜色的。

### 食材特点 Characteristics

腊肠：以肉类为原料，切绞成丁，配以辅料，灌入动物肠衣经发酵、成熟干制成的中国特色肉制品，有增进食欲的作用。

青豆：含有多种抗氧化成分，能够提供人体所需的多种维生素，还具有保持血管弹性和健脑等作用。

# 五彩养生饭：
# 糙米薏苡仁饭

很少见到如此多姿多彩的米饭，绿色的芹菜，橙黄色的胡萝卜，黑色的香菇，众多的颜色，鲜艳明亮，在粒粒分明的红米和糙米的衬托下更显诱惑。糙米与普通的米相比，更为绿色健康，有很好的瘦身养生效果。若是晚餐时分端上一份糙米薏苡仁饭，定能吸引一大片人的目光。

## 材料 Ingredient

| | |
|---|---|
| 糙米 | 150 克 |
| 薏苡仁 | 150 克 |
| 红米 | 30 克 |
| 赤小豆 | 30 克 |
| 胡萝卜 | 60 克 |
| 芹菜 | 60 克 |
| 香菇 | 2 朵 |
| 水 | 400 毫升 |
| 食用油 | 适量 |

## 调料 Seasoning

| | |
|---|---|
| 盐 | 1/3 小匙 |
| 味醂 | 1 小匙 |

## 做法 Recipe

1. 将糙米、薏苡仁、红米、赤小豆洗净，用温水浸泡 2 个小时，然后捞出沥干水分备用。

2. 把胡萝卜洗净去皮，切成小丁状；芹菜洗净去除粗纤维切成小丁状；香菇洗净切成小丁状备用。

3. 锅中倒入少许食用油烧热，加入切好的胡萝卜、芹菜、香菇以中火炒香。

4. 将泡好的各种谷物和炒好的材料放入加了水的汤锅中以中火煮约 30 分钟。

5. 续加入盐、味醂调味搅拌均匀，转小火煮约 10 分钟即可。

## 小贴士 Tips

- 制作时选用优质的红米，一般以外观完整、饱满，表面有光泽的红米为佳。
- 红米最好趁热吃，以免凉后变硬，肠胃不佳者不宜多食。

## 食材特点 Characteristics

红米：含有丰富的蛋白质、糖类、膳食纤维以及多种微量元素，具有延缓衰老、舒缓疲劳、补充体力和改善缺铁性贫血等作用。

赤小豆：既可煮粥、做汤食用，也可入药，具有降低血压、减肥等作用，还有利水消肿、健脾祛湿的功效。

魅力无法阻挡：

# 泰式菠萝炒饭

有段时间，我非常钟情泰国菜，色香味俱全，酸辣劲爽的味道，很容易让人上瘾着迷。甚至后来专门去了一次泰国，品尝了很多正宗地道的泰国菜，其中就包括泰式菠萝炒饭。从泰国回来之后，我专门从市场买回菠萝，尝试做了泰式菠萝炒饭，加了鸡肉与油炸花生的菠萝炒饭虽与正宗的菠萝饭有所不同，但也是风味独特。

## 材料 Ingredient

| | |
|---|---|
| 米饭 | 220 克 |
| 虾仁 | 40 克 |
| 鸡肉 | 40 克 |
| 菠萝 | 80 克 |
| 葱花 | 20 克 |
| 大蒜 | 10 克 |
| 香菜叶 | 3 克 |
| 油炸花生仁 | 30 克 |
| 鸡蛋 | 1 个 |
| 食用油 | 适量 |
| 罗勒 | 适量 |
| 红尖椒 | 少许 |

## 调料 Seasoning

| | |
|---|---|
| 鱼露 | 2 大匙 |
| 咖喱粉 | 1/2 茶匙 |

## 做法 Recipe

❶ 将红尖椒和鸡肉洗净分别切成丝状；大蒜剥皮洗净切成末；菠萝取肉切成丁；鸡蛋打散，备用。

❷ 将油锅烧热，放入鸡肉丝及虾仁炒至熟，然后取出备用。

❸ 锅留底油，放入打散的鸡蛋快速搅散至略凝固，再加入红尖椒丝及蒜末以大火炒香。

❹ 放入米饭和炒好的鸡肉丝、虾仁，再加入菠萝丁及咖喱粉，转中火翻炒至饭粒散开且均匀上色。

❺ 续加入鱼露、罗勒，持续以中火翻炒至饭粒松香均匀，最后撒上葱花、香菜叶和油炸花生仁略微拌炒即可。

就是这个味儿:

# 红烧牛肉面

　　相传红烧牛肉面是光绪年间一位厨师创制的，后来经过不断地推陈出新，红烧牛肉面便成为名满天下的面食。红烧牛肉面讲究汤浓、味鲜、肉嫩，还有一些辣，做出来的面要油而不腻，方是牛肉面的极佳境界。一碗好的红烧牛肉面是让人尝过之后还想再来一碗，鲜香的美味始终留在舌尖挥散不去。

## 材料 Ingredient

| | |
|---|---|
| 牛肉 | 250 克 |
| 胡萝卜 | 200 克 |
| 白萝卜 | 200 克 |
| 高汤 | 适量 |
| 食用油 | 适量 |
| 面条 | 适量 |
| 小白菜 | 适量 |
| 酸菜末 | 少许 |
| 大蒜 | 10 克 |
| 葱花 | 20 克 |
| 姜 | 5 克 |
| 肉桂 | 4 克 |
| 小茴香 | 3 克 |
| 丁香 | 2 克 |
| 陈皮 | 2 克 |

## 调料 Seasoning

| | |
|---|---|
| 米酒 | 30 毫升 |
| 酱油 | 20 毫升 |
| 蚝油 | 20 毫升 |

## 做法 Recipe

❶ 把洗净的牛肉放入烧热的水中，余烫一下，然后捞出切成块状备用。

❷ 将胡萝卜、白萝卜削去外皮切成块状，放入沸水中余烫至熟，然后捞起沥干备用。

❸ 将小白菜洗净；大蒜剥皮洗净切片；姜洗净切丝备用。

❹ 油锅烧热，放入切好的大蒜、姜及肉桂、小茴香、丁香、陈皮炒香，然后加入余烫后的牛肉翻炒至肉变白，再加入米酒、酱油、蚝油翻炒均匀。

❺ 将余烫好的白萝卜、胡萝卜和翻炒的牛肉一起放入加了高汤的锅中以中火煮沸，转小火续煮片刻。

❻ 将面条与小白菜以沸水余烫至熟，捞起放入碗内，加入所有汤料，食用前放些酸菜末和葱花即可。

# 又酸又辣：
# 福州拌面

福州拌面是比较有名的福州小吃之一，实在不负"福州菜香飘四海"的美名。福州拌面做法其实并不复杂，韧糯滑爽的阳春面搭配福建地区特制的乌醋和些许辣油，清爽之外更多了一份酸辣的味道。如果你还在为吃什么面犯愁，那么就试一试福州拌面吧，定会给你带来不一样的美食享受。

## 材料 Ingredient

| | |
|---|---|
| 阳春面 | 100克 |
| 葱花 | 8克 |
| 食用油(熟) | 1大匙 |

## 调料 Seasoning

| | |
|---|---|
| 盐 | 1/6 小匙 |
| 乌醋 | 适量 |
| 辣油 | 少许 |

## 做法 Recipe

❶ 将熟食用油倒入碗内备用。

❷ 将盐与食用油一起拌匀备用。

❸ 将阳春面放入沸水中，用筷子搅动使面条散开，小火煮约2分钟后捞起，水分稍微沥干备用。

❹ 将煮好的面盛入做法2的碗中，加入葱花，由下而上将阳春面与调料一起拌匀即可，亦可依口味喜好另加入乌醋、辣油拌食。

## 小贴士 Tips

⊕ 在捞起面条之前，碗中放入少许的食用油，这样在拌面时能够增加面条的润滑度，不易黏结，口感更好。

⊕ 辣油可以根据个人口味适当少放或者不放。

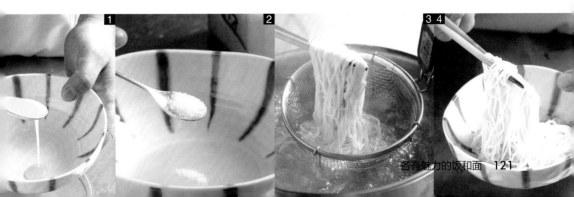

切出来的美味:

# 切仔面

切仔面是独具特色的一道面食。橱窗里摆放着各种大块的肉类,顾客在点餐之后才开始切,切仔面的由来除了与刀切有关,还有就是把黄色油面放进一个笊箕里,再用另外一个空的笊箕压住,然后放入沸水锅中,提起放下,会发出"切切"的声音,所以得名为切仔面。

## 材料 Ingredient

| | |
|---|---|
| 油面 | 200 克 |
| 熟猪瘦肉 | 150 克 |
| 韭菜 | 20 克 |
| 绿豆芽 | 20 克 |
| 高汤 | 300 毫升 |
| 香菜 | 少许 |

## 调料 Seasoning

| | |
|---|---|
| 盐 | 1/4 小匙 |
| 鸡精 | 1/4 小匙 |
| 胡椒粉 | 少许 |

## 做法 Recipe

❶ 把韭菜洗净,切段;绿豆芽去根部洗净,与韭菜段一起放入沸水中余烫至熟捞出;熟猪瘦肉切成片状,备用。

❷ 烧一锅热水,将油面放入沸水中余烫一下,沥干后放入碗中,再加入余烫过的韭菜段、绿豆芽与熟猪瘦肉片。

❸ 把锅洗净后,再将高汤倒入煮开,加入盐、鸡精、胡椒粉调味搅拌均匀,把高汤倒入面碗中,再加入香菜即可。

## 小贴士 Tips

➕ 熟猪瘦肉制作时,先将猪瘦肉洗净,放入沸水中余烫一下,取出后放入煮沸的高汤中煮约半小时即可。

➕ 在煮油面时,隔一段时间要把油面拉出水面沥干,如此重复几次,这样做出来的面才能爽滑韧性,也是切仔面正宗的做法。

## 食材特点 Characteristics

油面:又称黄面,油面的口感并不油腻,之所以称为油面,是因为在制作时添加了油。油面在食用时劲道爽滑,面条纤细,口感很好。

香菜:常用的调料食材之一,能够添色增味,多用于汤菜中。但是不能多吃,患有口臭及牙齿有问题的人不宜吃。

# 别有风味的凉面：
# 油醋汁凉面

对于凉面这个属于夏天的美食，它有很大的空间可以让你自由发挥。正宗的油醋汁凉面来源于意大利，在引进的过程中，经过许多人的添加改变，已经有多种口味。但是美食就是这样，需要不断的尝试，才可以发现其中隐藏的美味。添加了油醋汁的凉面味道更佳，别有一番风味。

## 材料 Ingredient

| | |
|---|---|
| 意大利面 | 150克 |
| 红甜椒 | 1/4个 |
| 黄甜椒 | 1/4个 |
| 火腿丝 | 35克 |
| 奶酪丝 | 少许 |
| 大蒜 | 10克 |
| 洋葱末 | 1大匙 |
| 香芹末 | 少许 |
| 生菜丝 | 适量 |
| 食用油 | 适量 |

## 调料 Seasoning

| | |
|---|---|
| 红酒醋 | 50毫升 |
| 黑胡椒 | 少许 |
| 盐 | 1/2小匙 |

## 做法 Recipe

❶ 在煮开的水中加入少量的盐，再加入少许食用油，放入意大利面煮熟捞起，冲凉沥干备用。

❷ 将红甜椒、黄甜椒分别洗净，去籽切成丁状；大蒜剥皮洗净捣成蒜泥。

❸ 将蒜泥、香芹末、红酒醋、黑胡椒、盐、洋葱末加少许食用油搅拌均匀成油醋汁备用。

❹ 将意大利面装盘，摆上红甜椒丁、黄甜椒丁、生菜丝、火腿丝、奶酪丝，淋上适量油醋汁即可。

## 小贴士 Tips

➕ 煮面时加入少许的盐有助于面入咸味，而且这样煮出来的面不易烂。

➕ 面条煮好后捞出，用凉开水过凉，沥干水分，并用筷子抖散，以防黏在一起。

➕ 油醋汁的调配简单，也可以换用其他的酱汁，当然那样做出来的美食就不是油醋汁凉面了，所以享用美食还是要下一番功夫的。

## 食材特点 Characteristics

火腿：腌制或熏制的猪腿，含有丰富的蛋白质、维生素和矿物质，具有味道鲜香、口感筋道的特点。

红酒醋：意大利的一种特色醋，是用葡萄为原料制作而成，颜色是深茶黑色，味道酸甜，一般用于肉类、鱼类菜肴或是制作沙拉。

喜欢酸的甜：

# 酸奶青蔬凉面

　　酸奶以其美味动人和丰富的营养红遍大江南北，很少有人会不喜欢它酸酸甜甜的味道。酸奶青蔬凉面清新亮丽如同其名，熟面和清脆爽口的西蓝花和芦笋一起搭配，有一种春天的勃勃生气。酸奶青蔬凉面就是你值得一试的养生面食，定会让你无法忘怀。

## 材料 Ingredient

| | |
|---|---|
| 熟面 | 200 克 |
| 西蓝花 | 50 克 |
| 芦笋 | 30 克 |
| 水 | 适量 |

## 调料 Seasoning

| | |
|---|---|
| 原味酸奶 | 100 毫升 |
| 色拉酱 | 50 克 |
| 水果醋 | 1 小匙 |
| 盐 | 1/4 小匙 |
| 白糖 | 1/2 小匙 |

## 做法 Recipe

❶ 把西蓝花洗净切成小块；芦笋洗净切段。

❷ 汤锅倒入适量水煮沸，将西蓝花块、芦笋段分别放入锅中汆烫约 30 秒捞出，然后放入冷开水中冷却。

❸ 将原味酸奶、色拉酱、水果醋、盐和白糖混合搅拌均匀，再加入冷却后的西蓝花、芦笋段拌匀即为酸奶青蔬酱。

❹ 食用前直接将酸奶青蔬酱淋在熟面上拌匀即可。

## 小贴士 Tips

✚ 制作色拉酱时一定要等油凉了之后再搅拌，并且要顺着一个方向搅拌。

✚ 家常色拉酱做出来本身没有味道，可以根据自己的口味添加一些盐或者白糖。

## 食材特点 Characteristics

原味酸奶：指没有添加其他成分的酸奶制品，口味较酸，营养丰富，没有添加剂，不仅可以作为饮品，而且在烹饪时添加少许可以增添美味，带来不一样的口味。

色拉酱：又称蛋黄酱，食用范围很广，各地因口味不同有很多的种类，主要用来做各种沙拉，如水果沙拉、蔬菜沙拉等。

# 藏于无形之中：
# 和味萝卜泥面

　　和味萝卜泥面多么奇特的名字，真正品尝过你就会发现，它其实就是一碗关于萝卜的面条。嫩嫩的萝卜不仅口感香脆甜美，而且还有很高的营养价值。从古至今，关于萝卜就有很多俗语，如"喝了萝卜汤，全家不遭殃"，所以多吃一些萝卜是很有好处的，和味萝卜泥面在无形中让你感受它的美味。

## 材料 Ingredient

| | |
|---|---|
| 细面 | 150克 |
| 白萝卜 | 150克 |
| 姜泥 | 30克 |
| 柴鱼片 | 5克 |
| 熟白芝麻 | 3克 |
| 海苔 | 1张 |

## 调料 Seasoning

| | |
|---|---|
| 酱油 | 1 小匙 |
| 白糖 | 1 小匙 |
| 白醋 | 1/2 小匙 |
| 盐 | 1/4 小匙 |

## 做法 Recipe

❶ 将白萝卜洗净去皮，用磨泥器磨成泥；海苔用手撕成条备用。

❷ 把白萝卜泥加入酱油、白醋、白糖和盐及姜泥搅拌均匀备用。

❸ 再放入熟白芝麻、柴鱼片拌匀，就是和味萝卜泥。

❹ 将细面放入沸水中煮熟，捞出沥干，直接将和味萝卜泥淋在熟面上，再放上海苔条即可。

## 小贴士 Tips

➕ 各种食材打碎混合调成泥状，不宜过干或过稀，否则会影响美观和口感。

➕ 面可以选择熟面，这样方便快捷，食用的时候直接淋在上面即可。

## 食材特点 Characteristics

柴鱼片：鲣鱼干制成的薄片，形似柴鱼故取名柴鱼片。多用于日本料理中，味道鲜美可口，能够增添饭菜的味道。

海苔：紫菜烤熟后经过调味处理的美食。含有 B 族维生素，还含有丰富的微量元素，营养非常丰富，一般可用来做汤或是寿司。

你错过了吗：
# 芥末麻酱凉面

　　第一次见到芥末麻酱凉面的时候，我毫不犹豫就点了它，结果发现味道很不错。芥末是一种独特的配料，味道清香，又带有辛辣，吃多了会有催泪效果。大多数人都会对芥末避而远之，你若也是这样便错过了一道经典美味。麻酱凉面搭配少许芥末，味道出乎意料的清爽，既能满足浓重的口味，又可美容，是一道不容错过的夏日佳肴。

## 材料 Ingredient

| | |
|---|---|
| 细面 | 200 克 |
| 芥末籽酱 | 1 大匙 |
| 芦笋 | 1/2 根 |
| 香芹叶 | 适量 |

## 调料 Seasoning

| | |
|---|---|
| 芝麻酱 | 1 大匙 |
| 白糖 | 1 大匙 |
| 酱油 | 1 大匙 |
| 水果醋 | 20 毫升 |
| 盐 | 1/4 小匙 |

## 做法 Recipe

1. 将芦笋洗净、削皮，切成细丝，然后再入沸水余烫约 3 分钟。
2. 取洗净的碗，放入芥末籽酱及芝麻酱、白糖、酱油、水果醋和盐搅拌均匀，即为芥末麻酱。
3. 烧一锅沸水，放入细面煮熟，捞起过凉水沥干放入碗中。
4. 食用前将芥末麻酱直接淋在煮熟的面上，再加上余烫过的芦笋丝拌匀，放上香芹叶装饰即可。

## 小贴士 Tips

- 若没有芦笋，可以换成其他的现成蔬菜。在辅料的搭配上可以随意一些，冰箱里的边角料都可以用上。
- 芥末可能有些人吃不惯，这样可以用量少一些，作为一种味道调剂。

## 食材特点 Characteristics

芥末：又称芥子末，常用作调味品，味道芳香辛辣，有强烈的刺激味和催泪效果，十分独特，可能有的人吃不惯。

水果醋：是添加了水果的醋饮料，种类多样，不同的水果有着不一样的保健作用。一般在做酱料或拌面时用到。

酱香长久久：

# 京酱肉丝拌面

　　京酱肉丝香如其名，有着浓郁的酱香，口感适中，采用北方特有的"酱爆"烹调技法所做，有独特的风味。现在把京酱肉丝与拌面相搭配，既不失京酱肉丝醇厚的酱香味，而小黄瓜的加入又增添了一些清爽，口感浓而不腻，让人食欲大增。

## 材料 Ingredient

| | |
|---|---|
| 面条 | 150克 |
| 猪肉丝 | 80克 |
| 小黄瓜 | 30克 |
| 姜末 | 5克 |
| 蒜末 | 5克 |
| 葱花 | 5克 |
| 水 | 50毫升 |
| 食用油 | 适量 |

## 调料 Seasoning

| | |
|---|---|
| 甜面酱 | 2 大匙 |
| 白糖 | 1 小匙 |
| 米酒 | 少许 |
| 水淀粉 | 1/4 小匙 |

## 做法 Recipe

① 把猪肉丝洗净后，加入水淀粉抓匀；小黄瓜洗净，切成细丝。

② 锅洗净，置火上加热，待锅烧热后倒入适量的食用油，等油热后将姜末、蒜末放入略炒，放入抓匀的猪肉丝，以中火略炒。

③ 将甜面酱放入略炒，然后加入水、白糖、米酒炒约2分钟后即为酱汁。

④ 在汤锅中倒入适量水煮沸，放入面条以小火煮至熟软，捞起沥干后放入碗中，把熬制好的酱汁淋在面上，再撒上葱花、小黄瓜丝拌匀即可。

## 小贴士 Tips

⊕ 因为甜面酱的味道中含有咸味，所以盐的添加要适量，可以先放少许，不够时再加。

⊕ 甜面酱本身有咸味，可以根据个人口味适当添加盐。

## 食材特点 Characteristics

小黄瓜：是夏季经常食用的蔬菜之一，味甘、性凉，维生素含量丰富，具有减肥、利水利尿、清热解毒的功效。

甜面酱：又称甜酱，是以面粉为原料加工制作而成的调味酱料，味道咸甜，口感多样，富有层次，主要应用于烹饪酱爆等。

# 不一样的诱惑：
# 豌豆苗香梨面

　　这道炒面虽然看似用的食材很多且杂，不过其实还是很简单的，而且非常适合爱吃水果之人，其中香梨也可以换成其他水果，例如苹果、葡萄等。这一碗炒面，有菜、有主食，营养很丰富，菜色很艳丽，色香味齐全，相信品尝之后定会获得大家的一致称赞。

## 材料 Ingredient

| | |
|---|---|
| 螺旋面 | 200 克 |
| 豌豆苗 | 100 克 |
| 香梨 | 1/2 个 |
| 百里香 | 1 根 |
| 橄榄油 | 1 大匙 |
| 红甜椒 | 适量 |
| 黄甜椒 | 适量 |

## 调料 Seasoning

| | |
|---|---|
| 盐 | 1/2 小匙 |
| 黑胡椒粒 | 少许 |

## 做法 Recipe

❶ 将螺旋面放入沸水中煮熟；豌豆苗择嫩叶洗净；红甜椒、黄甜椒洗净，切成条状；香梨去皮切条状；百里香洗净切碎，备用。

❷ 把炒锅烧热，倒入橄榄油，再加入红甜椒条、黄甜椒条和香梨条，以中火爆香。

❸ 加入螺旋面与所有调料和豌豆苗，再快速翻炒至均匀，让汤汁略收干。

❹ 最后用百里香装饰即可。

## 小贴士 Tips

➕ 香梨可以用其他水果来代替，用中火炒成四五成熟即可，不能过熟。

➕ 百里香在做调料时要余下一些，将其点缀在做好的面上。

---

## 食材特点 Characteristics

豌豆苗：含有多种氨基酸和维生素 C，具有促进新陈代谢、抗菌消炎的作用，其中的优质蛋白质可以提高身体的免疫力。豌豆苗营养价值很高，口味鲜美清香，热炒、做汤或者涮火锅都是很好的选择。

香梨：含有丰富的 B 族维生素和较多糖类物质，具有保护心脏，减轻疲劳，降低血压，增进食欲的作用，并且香梨还有清热镇静，改善头晕目眩的作用。

带回家的美味:

# 豉油皇炒面

豉油皇炒面是广州人最爱的小吃之一，很有地方特色。豉油皇炒面色泽金黄明亮，口感油滑爽口，香味浓郁。烹饪时将香菇、洋葱等材料爆香，然后和鸡蛋面一起拌炒加入蚝油和酱油添色增味，一份卖相极佳的豉油皇炒面就做好了，简单快捷，营养丰富，作为晚餐非常适合。

## 材料 Ingredient

| | |
|---|---|
| 鸡蛋面 | 150克 |
| 绿豆芽 | 30克 |
| 韭黄 | 20克 |
| 洋葱 | 1/4个 |
| 干香菇 | 2朵 |
| 水 | 100毫升 |
| 白芝麻 | 少许 |
| 食用油 | 适量 |

## 调料 Seasoning

| | |
|---|---|
| 豉油 | 1 小匙 |
| 蚝油 | 1/2 小匙 |
| 盐 | 1/4 小匙 |
| 白糖 | 1/4 小匙 |
| 胡椒粉 | 1/4 小匙 |

## 做法 Recipe

1. 先烧开一锅沸水，把鸡蛋面放入沸水中煮至软后捞起，加入少许食用油拌开备用。

2. 把洋葱洗净切丝；干香菇泡软洗净切丝；韭黄洗净切段备用。

3. 热锅倒入食用油烧热，放入拌好的鸡蛋面以中火将两面煎至酥黄后盛盘。

4. 以冷开水淋于煎好的鸡蛋面上，冲去多余的油分。

5. 重热原油锅，放入洋葱丝、香菇丝以小火炒约2分钟至香。

6. 在锅中再加入水和所有调料及冲去多余油分的鸡蛋面，以中火快炒至面条散开。

7. 最后放入洗净的绿豆芽及韭黄段拌炒至汤汁收干即可盛盘，再撒上白芝麻即可。

## 小贴士 Tips

+ 制作炒面，面条味道一定要好。所以炒面时可以先把食用油加热，然后下面拌炒，这样面条的味道、色泽更好。

## 食材特点 Characteristics

鸡蛋面：是将鸡蛋和面粉混合而制作的面条，在传统小吃中应用很广泛，其面质柔滑，清淡可口，柔中带韧，营养十分丰富。

豉油：是两广地区的叫法，通常就是我们说的酱油，但是也有区别，豉油一定是以大豆为主原料，加入盐和水经过制曲和发酵而成。

# 经典忘不了：
# 排骨面

在各种肉类中，排骨算得上是好东西，不仅做法极多，红烧、炖煮、煎炸都可以，而且全都美味。晚餐时间，来一碗排骨面，香浓的骨汤散发着让人抗拒不了的诱惑。肉质细嫩的排骨，加上几粒散落的葱花和上海青，搭配爽滑的细面一起食用，光是想一想就让人胃口大开。

## 材料 Ingredient

| | |
|---|---|
| 细面 | 100 克 |
| 排骨肉 | 1 片 |
| 猪高汤 | 250 毫升 |
| 葱花 | 5 克 |
| 红薯粉 | 适量 |
| 上海青 | 少许 |
| 食用油 | 适量 |

## 腌料 Marinade

| | |
|---|---|
| 白糖 | 8 克 |
| 酱油 | 1 大匙 |
| 米酒 | 1 大匙 |
| 胡椒粉 | 适量 |
| 蒜末 | 少许 |

## 调料 Seasoning

| | |
|---|---|
| 盐 | 1/2 小匙 |

## 做法 Recipe

❶ 排骨肉洗净，用刀背拍松，与所有腌料一起拌匀，腌渍半小时；上海青洗净备用。

❷ 将腌制好的排骨肉放入红薯粉中拌匀，放入提前烧好的油锅中炸熟备用。

❸ 将细面和上海青先后放入烧开的沸水中烫熟，捞出沥干，放入碗内。

❹ 在面碗内加入猪高汤、盐调味，撒上葱花，再将炸好的排骨肉切长条，摆放于面上，一碗香气四溢的排骨面就可上桌了。

## 小贴士 Tips

➕ 猪排骨的选择最好是肥瘦兼有的，保留部分的肥肉，否则肉中没有油分就会吃起来比较柴。

➕ 在煎炸排骨前，要对排骨稍微煸炒，防止水分过多影响肉质的香嫩。

## 食材特点 Characteristics

排骨：常食用的肉骨之一，营养丰富，有一定的食疗作用，能够滋润脾胃、强筋健骨、改善贫血等功效。

红薯粉：红薯研磨后的粉，含有多种人体需要的营养物质，具有很强的保健功能，对心脏有益。

# 丰原排骨酥面

　　丰原排骨酥面的精妙所在就是排骨，经过腌制的排骨，吸收了腌料的所有味道，去除了排骨本身的杂味，再裹上红薯粉油炸，里嫩外酥。然后把炸好的排骨放入蒸锅中，稍等片刻，排骨的酥香便慢慢散发出来，配上精细的油面，一道酥香的排骨面就这么出来了，酥滑爽口，很适合晚餐来吃。

## 材料 Ingredient

| | |
|---|---|
| 油面 | 150 克 |
| 猪排骨块 | 100 克 |
| 绿豆芽 | 50 克 |
| 韭菜 | 20 克 |
| 葱段 | 15 克 |
| 香菜 | 10 克 |
| 上海青 | 适量 |
| 高汤 | 500 毫升 |
| 鸡蛋 | 1 个 |
| 红薯粉 | 5 大匙 |
| 大蒜 | 15 克 |
| 食用油 | 适量 |
| 水 | 适量 |

## 腌料 Marinade

| | |
|---|---|
| 蒜末 | 30 克 |
| 葱段 | 20 克 |
| 盐 | 1 大匙 |
| 酱油 | 1 大匙 |
| 豆腐乳 | 1 块 |
| 白糖 | 1 大匙 |
| 五香粉 | 1 小匙 |
| 胡椒粉 | 1 小匙 |

## 调料 Seasoning

| | |
|---|---|
| 盐 | 1/2 小匙 |

## 做法 Recipe

❶ 把鸡蛋打散；大蒜剥皮洗净切成末，备用；韭菜洗净切段。

❷ 所有腌料加入打散的鸡蛋中拌匀，再加入洗净沥干的猪排骨块拌匀，腌渍约 1 个小时。

❸ 取出腌制好的猪排骨，裹上薄薄的红薯粉后备用。

❹ 把锅烧热，倒入适量食用油，将猪排骨放入锅中炸约 4 分钟，转大火炸约 1 分钟至猪排骨酥呈金黄色时捞起沥油，再放入准备好的蒜与葱段略炸，然后捞出。

❺ 将排骨酥、葱、蒜与高汤一起装进容器，放入蒸笼内蒸约 50 分钟。

❻ 锅中倒入适量清水烧开，放入油面煮约 1 分钟后，加入上海青和盐，然后捞起放入碗中备用。

❼ 将洗净的韭菜和绿豆芽放入煮油面的沸水中氽烫一下捞起，与蒸好的排骨酥和高汤放入面碗内，最后放上香菜即可。

## 食材特点 Characteristics

韭菜：营养价值很高，主要包括蛋白质、脂肪和多种维生素等成分，具有补肾壮阳、益肝健胃等功效，常食有利于提高人体自身免疫力。

豆腐乳：由豆腐发酵而成，含蛋白质等丰富营养，是常用的食材之一。在日常生活中经常被当作简单的拌食酱料使用。

## 超乎你的想象：
# 榨菜肉丝面

　　榨菜简直就是一道万能的配菜，粥、面、米饭都可以用榨菜配着吃，而且还可以根据自己的爱好做不同口味的榨菜。有了榨菜，即使你是烹饪新手，也可以瞬间成为厨房高手，榨菜肉丝面就是很不错的选择。清香的面汤搭配劲爽的面条，再加上万能的榨菜，味道超乎你的想象，快来试一试吧！

## 材料 Ingredient

| | |
|---|---|
| 细阳春面 | 100 克 |
| 榨菜丝 | 25 克 |
| 猪瘦肉丝 | 150 克 |
| 红尖椒圈 | 5 克 |
| 高汤 | 1100 毫升 |
| 蒜末 | 1 大匙 |
| 葱花 | 适量 |
| 食用油 | 适量 |

## 调料 Seasoning

| | |
|---|---|
| 盐 | 1/2 小匙 |
| 白糖 | 1 小匙 |
| 米酒 | 1 大匙 |
| 香油 | 适量 |
| 鸡精 | 适量 |

## 做法 Recipe

❶ 将锅加热，倒入适量的食用油，把红尖椒圈、榨菜丝、蒜末放入爆香，再放入猪瘦肉丝及少许盐、白糖、米酒、香油、100 毫升高汤炒至汤汁收干。

❷ 再向锅内加入剩余盐、鸡精及高汤煮至沸腾，即为榨菜肉丝汤头。

❸ 烧开适量的水，将细阳春面放入沸水中余烫约1分钟，捞起沥干放入碗中，倒入适量榨菜肉丝汤头，撒上葱花即可完成。

## 小贴士 Tips

➕ 用成品榨菜包和开水卜面，这样做面条更快速，节省时间。

➕ 因为榨菜有咸味，所以添加盐分要根据汤汁的味道决定是否添加，咸味不够再放。若没有高汤可直接用开水。

## 食材特点 Characteristics

榨菜：榨菜是芥菜腌制而成的调味菜，是常见的开胃小菜。榨菜有老嫩之分，老榨菜较咸，食用前需用水浸泡。

白糖：做菜或汤添加适量的白糖，不仅能减少菜肴的咸度，而且还能调味，使烹调的食物更加鲜美，起到提鲜的作用。

# 伊人在水一方：
# 干烧伊面

看到这个干烧伊面，脑海中不由自主地浮现出一句诗词：所谓伊人，在水一方。它自是与伊人没有联系，可是作为出自风景秀丽的江苏菜肴，连面也带有了江南特有的婉约灵动。干烧伊面味道香浓可口，它的所有精华都集中在了伊面里，吸足了卤汁的金黄色的面条，诱惑着你的味蕾。

## 材料 Ingredient

| | |
|---|---|
| 伊面 | 200 克 |
| 干香菇 | 30 克 |
| 韭黄 | 30 克 |
| 大地鱼粉 | 1/2 小匙 |
| 色拉油 | 1 大匙 |
| 水 | 适量 |

## 调料 Seasoning

| | |
|---|---|
| 蚝油 | 1 大匙 |
| 老抽 | 1/2 小匙 |
| 白糖 | 1/4 小匙 |
| 盐 | 1/4 小匙 |
| 胡椒粉 | 少许 |

## 做法 Recipe

❶ 锅中倒入热水煮沸，放入伊面煮至软后捞起放凉。

❷ 将韭黄洗净切段；干香菇浸泡于水中至软捞起沥干水分，切成片状备用。

❸ 锅中倒入适量色拉油烧热，加入煮好的伊面以及切好的香菇和大地鱼粉拌炒均匀，再加入适量的水和蚝油、老抽、盐、白糖、胡椒粉，转中火煮至汤汁收干。

❹ 起锅前，再加入韭黄段稍微炒匀即可。

## 小贴士 Tips

➕ 伊面煮完之后也可以放入凉水中过一下，这样做出来的面条会更爽滑。

➕ 韭黄易熟，所以在起锅前放入略微翻炒即可，不会影响其口味。

## 食材特点 Characteristics

伊面：原称为伊府面，是一种炸过的鸡蛋面，属于面中上品。伊面味道爽滑甘美，其制作讲究色好形好，质松而不散，浮而不实。

韭黄：为韭菜经软化栽培变黄的产品，营养价值也较高，具有补肾助阳、固精的功效。

# 想说爱你不难：
# 香菇肉羹面

香菇肉羹面新鲜浓郁的口感，清香诱人的气息，吃在嘴里，那份醇厚久久不能散去。究竟是什么时候喜欢上它的，我也说不清楚，大概就是突然有一天知道了有这么一种面，然后尝试自己做出来，从此便一发不可收拾地喜欢上它，香菇与肉和面的完美结合，让你想要不爱它都难。

## 材料 Ingredient

| | |
|---|---|
| 熟细油面 | 200 克 |
| 肉羹 | 200 克 |
| 熟笋丝 | 20 克 |
| 胡萝卜 | 15 克 |
| 红葱末 | 5 克 |
| 大蒜 | 5 克 |
| 香菜叶 | 少许 |
| 食用油 | 适量 |
| 干香菇 | 适量 |
| 高汤 | 700 毫升 |
| 水 | 适量 |

## 调料 Seasoning

| | |
|---|---|
| 生抽 | 1 大匙 |
| 盐 | 5 克 |
| 香油 | 5 毫升 |
| 陈醋 | 1 小匙 |
| 胡椒粉 | 少许 |
| 冰糖 | 1/3 大匙 |
| 水淀粉 | 适量 |

## 做法 Recipe

1. 将大蒜剥皮洗净切末；胡萝卜洗净切丝；干香菇泡发洗净切丝，备用。

2. 将锅洗净后，加热倒入食用油，爆香红葱末、蒜末后取出。

3. 锅留底油，放入香菇丝炒香，放入高汤、胡萝卜丝、熟笋丝煮开，加入爆香后的红葱末、蒜末以及生抽、盐、冰糖，用水淀粉勾芡后倒入装有熟细油面的面碗中。

4. 把锅洗净，加入适量的水加热烧沸，将肉羹汆烫 30秒，捞出放入熟细油面的碗中。

5. 再加香油、陈醋、胡椒粉拌匀，撒上洗净的香菜叶即可。

## 小贴士 Tips

- 肉羹是把廋肉、肥肉搅成泥状，拌入盐、糖、香油、白胡椒粉等调料，捏成颗粒状后投置于沸汤内，煮熟捞起后的肉丸。

## 食材特点 Characteristics

干香菇：是鲜香菇经过烘烤脱水而制成的，脱水后的干香菇一定要妥善储藏，尤其是在较为湿润的天气，一定要密封处理好。

生抽：是酱油的一种，颜色浅淡且呈红褐色，主要是以大豆和面粉为主要原料，在烹饪的时候调味，味道较咸。

爱，就是在一起吃晚餐

## 丝丝心动：
# 蚝油捞面

一瓶好的蚝油是厨房里不可缺少的，虽然它看上去黑乎乎的很黏糊，一点儿也不讨人喜欢的样子。但如果你以貌取物，那只能说你会错过一种香味浓郁的特殊调味品。对于一些刚学会做菜的新手来说，蚝油可谓是万能的调料。无论是烹饪鱼、虾、肉类，还是拌面、炖汤，蚝油都会让你烹饪时游刃有余。

### 材料 Ingredient

| | |
|---|---|
| 鸡蛋面 | 100 克 |
| 绿豆芽 | 30 克 |
| 水 | 适量 |

### 调料 Seasoning

| | |
|---|---|
| 红葱油 | 1 小匙 |
| 蚝油 | 1 大匙 |

### 做法 Recipe

❶ 在锅中加入适量的水烧沸，放入鸡蛋面用小火慢煮约 1 分钟，期间用筷子不断搅动面条，面煮好后捞起沥干，放入碗中。

❷ 若是想让面更劲道，可以将煮好的面条浸在冷水中摇晃数下，去除表面黏糊的淀粉。

❸ 然后将过好冷水的面再放入锅中慢煮，约 2 分钟后捞起，稍沥干后放入碗中，加入红葱油拌匀。

❹ 在配料上可以选用绿豆芽，先用沸水将绿豆芽略烫一下，捞起沥干后置于面上，再将蚝油淋在面上，搅拌均匀即可。

### 小贴士 Tips

⊕ 为了避免拌面时太干，可以提前添加一些汤汁润滑。

⊕ 面在第一次煮好后一定要过冷水，这样在第二次煮的时候才不会变散、变糊。

### 食材特点 Characteristics

蚝油：用牡蛎熬制而成，香味浓郁，味道极佳，有一定的黏稠度，营养价值较高，一般在粤菜中经常使用。

绿豆芽：是绿豆经过浸泡发出的嫩芽，含有丰富的维生素 C 和多种氨基酸，营养价值大于绿豆，还可以入药，具有清热解暑、利尿消肿的功效。

# 你想要的都有：
# 焗烤奶油千层面

　　焗烤奶油千层面是否好吃在很大程度上与白酱有关，记得第一次做白酱，我是严格按照步骤去做的，黄油、牛奶、面粉、淡奶油一样不少，但是做出来的千层面会有点腻。后来我调整了白酱的做法，只用牛奶和面粉，吃起来一点儿都不腻，再用来和奶油搭配一起做焗烤奶油千层面，非常好吃。

## 材料 Ingredient

| | |
|---|---|
| 千层面面皮 | 3 片 |
| 奶酪丝 | 70 克 |
| 鲷鱼 | 60 克 |
| 墨鱼 | 40 克 |
| 洋葱末 | 15 克 |
| 蒜末 | 10 克 |
| 奶油 | 10 克 |
| 菠菜 | 10 克 |
| 虾仁 | 200 克 |
| 香芹末 | 1 小匙 |
| 食用油 | 适量 |
| 罗勒叶 | 少许 |

## 调料 Seasoning

| | |
|---|---|
| 白酱 | 60 克 |
| 白酒 | 15 毫升 |

## 做法 Recipe

❶ 先取一锅水煮沸，放入千层面煮约 5 分钟，捞起泡水备用。

❷ 把鲷鱼、墨鱼洗净切片；虾仁去虾线洗净；罗勒叶洗净备用，另外将烤箱调至 220℃预热备用。

❸ 热锅，放入食用油爆香蒜末、洋葱末，再放入鲷鱼片、墨鱼片、虾仁以中火炒约 2 分钟，淋上白酒并放入少许白酱，转小火煮 1 分钟即为海鲜料，起锅备用。

❹ 另取一深盘，以奶油涂匀盘底，倒入 1 层白酱、1 层千层面面皮、1 层奶酪丝，铺上 1/3 的海鲜料。

❺ 依照上一步骤顺序重复 1 次，再放 1 层菠菜，倒入 1 层白酱抹匀，覆上第 3 层面皮，将剩余白酱淋在叠好的千层面上，撒满奶酪丝，放入 220℃烤箱烤约 5 分钟后取出，撒上香芹末，装饰罗勒叶即可。

## 小贴士 Tips

➕ 在千层面的顺序摆放上可以自然调整，只要在烤制时不要弄散即可。

---

## 食材特点 Characteristics

千层面：就是在烤盘上铺一层奶油，一层番茄酱，然后依次再铺一层面皮、牛肉酱、白奶酪等，制作好后放入烤箱中，烤至呈金黄色即可。

奶油：分为动物奶油和植物奶油，优质的奶油颜色呈淡黄色，入口即化，有提味、增香的作用，还可补充人体所需的维生素A，但是热量偏高。

爱，就是在一起吃晚餐

再遇见：

# 海鲜青酱意大利面

再次遇见海鲜青酱意大利面之前，对于它的记忆已经有些模糊不清了，只清晰地记得那一抹挥散不去的清新自然的味道。至于我为什么对这种味道记忆深刻，因为它是我第一次吃的西餐。大多数人第一次吃西餐，都会点意大利面，我当然也不例外，看到名字就令人食欲倍增。

## 材料 Ingredient

| | |
|---|---|
| 意大利面 | 200 克 |
| 蛤蜊 | 100 克 |
| 虾仁 | 100 克 |
| 蟹脚肉 | 80 克 |
| 墨鱼 | 50 克 |
| 大蒜 | 15 克 |
| 鲜奶油 | 50 克 |
| 洋葱 | 1/4 个 |
| 罗勒叶 | 少许 |
| 食用油 | 适量 |

## 调料 Seasoning

| | |
|---|---|
| 白酒 | 150 毫升 |
| 盐 | 1/2 小匙 |
| 意大利青酱 | 少许 |
| 胡椒粉 | 少许 |

## 做法 Recipe

❶ 将大蒜剥皮洗净切末；洋葱洗净切丁；虾仁去虾线洗净；墨鱼洗净切成宽环状，与蟹脚肉一起用沸水氽烫，备用。

❷ 热锅，放入洗净的蛤蜊并加入 50 毫升白酒，盖上锅盖，焖煮至壳开，用滤网过滤，将蛤蜊与汤汁分开。

❸ 另煮沸水加入少许盐，再加入意大利面煮约 10 分钟，期间不断地搅动以避免粘锅，至熟后捞出。

❹ 锅中倒入食用油加热后，放入蒜末及洋葱丁炒至洋葱变软，再放入虾仁、墨鱼、蟹脚肉、蛤蜊与蛤蜊汤汁一起翻炒后，加入 100 毫升白酒煮沸，再加入盐及胡椒粉并稍微搅拌。

❺ 续加入适量煮熟的意大利面、意大利青酱，再倒入鲜奶油拌炒约 2 分钟后装盘，放上罗勒叶即可。

## 小贴士 Tips

➕ 意大利青酱本身带有咸味，所以可以根据个人口味适当添加盐。

## 食材特点 Characteristics

意大利面：通常称为意粉，主要原料为杜兰小麦，通体颜色呈黄色而且耐煮，除了普通的直身粉之外，还有空心型、蝴蝶型、贝壳型等多种不同的形状。

蛤蜊：一种常见的海鲜，营养价值很高，具有滋阴润燥、利尿消肿、软坚散结的作用。可用在煮面、熬制海鲜汤料等。

# 与众不同的奢华：
# 米兰式米粒面

　　一听"米兰式米粒面"名字就有一种奢华气息。再见真容，这是面吗？明明就是一碗米饭。你一定和我一样大吃一惊，觉得这就是一碗米粒做的面。米兰式米粒面奇妙的地方在于它的味道，就像包裹着一层又一层的秘密，给你带来接连不断的惊喜和与众不同的味觉体验。

## 材料 Ingredient

| | |
|---|---|
| 意大利米粒面 | 180 克 |
| 奶油 | 40 克 |
| 洋葱末 | 40 克 |
| 培根 | 40 克 |
| 西蓝花 | 6 小朵 |
| 奶酪粉 | 适量 |
| 罗勒叶 | 20 片 |
| 番茄 | 350 克 |
| 橄榄油 | 60 毫升 |
| 大蒜 | 10 克 |
| 帕玛森干酪 | 2 大匙 |
| 水 | 200 毫升 |
| 香芹末 | 适量 |

## 调料 Seasoning

| | |
|---|---|
| 番茄酱 | 6 大匙 |
| 盐 | 1/2 小匙 |

## 做法 Recipe

1. 将大蒜剥皮洗净切成末；番茄洗净切成块状；培根切成丝状，备用。

2. 把锅洗净后置于火上加热，烧热后放入橄榄油，将洋葱末、蒜末一起炒香，然后番茄块放入锅中拌炒，再加入番茄酱和适量的水煮约 1 分钟，期间添加盐来调味，起锅前撒上罗勒叶和帕玛森干酪，米兰番茄酱就先做好了。

3. 另起一汤锅，加入适量的水，把意大利米粒面煮熟，捞出。

4. 另起油锅，再把奶油倒入锅中，以小火炒香培根丝，然后加入煮熟的意大利米粒面拌炒 1 分钟。

5. 在拌炒过程中加入西蓝花略炒，再加入适量米兰番茄酱炒匀，最后装盘并撒上适量奶酪粉、香芹末，这份米兰式米粒面就做好了。

## 小贴士 Tips

+ 在煮意大利米粒面时煮的时间不要过长，面稍软即可，太软不利于以后的炒制。

## 食材特点 Characteristics

培根：又叫腌肉，是选用新鲜的猪肉经过烟熏加工而成，其中磷、钾、钠的含量很丰富，具有开胃驱寒、消食的功效。

帕玛森干酪：是一种偏硬的干酪，制作的时候没有经过挤压，被奶酪爱好者称为"奶酪之王"，是意大利乳酱以及青酱的主要原料之一。

# 幸福甜蜜的
# 养生粥

　　有时候一碗粥，就是一种幸福，一种甜蜜。当你拖着疲惫的身体推开门，一股醇香浓厚的气息扑鼻而来，所有的不安和烦恼，就在这热气腾腾的粥面前烟消云散，幸福感顿生。小小的一碗粥不仅能够饱腹，而且饱含了家人的一份心意，代表着一种呵护和关怀。在傍晚时分，系上围裙，为心爱的人煮上一碗饱含爱意的粥，虽然简单，但是最温暖。

# 左手温暖，右手幸福

　　时间就像碾过大地的车轮，伴着"咕噜噜"声而来，随着"咕噜噜"声而去，只有泥土地上深深的车痕印迹，证明它确实来过。它走了，走得云淡风轻，对自己造成的伤害视若无睹，而大地以宽广的胸怀包容它的任性和伤害。看着这似曾相识的一幕，就让我想到了妈妈，她也曾这样包容着我的一切，陪伴我走过人生中一个又一个的难关。

　　记得中学的时候，一到考试期间，大家都行色匆匆，忙着复习考试。很多同学都自觉把晚自习推迟一小时，但也有少部分同学是下了自习就走的，我就属于那少部分同学。其实，我这么着急走，并不是因为太自信，而是赶着回家吃夜宵。

　　妈妈知道我一到考试期间就会紧张，甚至还会感冒，所以一到我考试期间，妈妈就会特别注重我的饮食，尤其是晚上。考虑到晚上应该少吃，妈妈一般会煮一些粥放在砂锅里保温，等我晚上回去再吃，那时候的温度刚刚好。而妈妈也会一直等在一旁，看我吃完再去休息。这时候的我是最幸福的，浑身都有使不完的劲儿，即使是考试也变得轻而易举了。

　　粥总是伴随着妈妈的等待和守候，陪着我度过无数个漫长的夜晚，它在我记忆里的感觉就等同于温暖的家的感觉。粥在我看来是最家常的美味佳肴，南北方人对粥的喜爱没有什么差别，有的大概就是口味的不同了，有的人喜欢甜的，有的人喜欢咸的。就我个人来说，我偏向甜粥。

　　我国关于粥的文化记载历史悠久，最早可以追溯到黄帝始烹谷为粥，那时的粥主要作为主食被人们食用。随着历史的发展，粥的药用价值被发掘出来，《史记》中就有西汉名医淳于意用粥治病的记载。后来，人们更是将粥的功能多样化，分为食用和药用两种，而且有着合二为一的趋势，形成有着丰富内涵的养生粥。宋代陆游便对粥的养生作用大为推崇，为此曾专门作《粥食》诗："世人个个学长年，不悟长年在目前，我得宛丘平易法，只将食粥致神仙。"将人们对养生粥的认识提高到了新的高度。

　　而关于粥较为广泛的记载要数腊八粥了。腊八粥就是现在八宝粥的前身，如今在一些地区还存在节日喝腊八粥的风俗，因此和八宝粥还是有一些区别的，我们家就有喝腊八粥的习惯，但是没有以前那么多的讲究，就是图一个喜气。每到腊八，妈妈就会提前几天准备好核桃仁、桂圆肉、红枣、栗子……到了腊八这一天，煮上一大锅，渐渐地满屋子都飘散着浓香醇厚的气息，看着散发诱人色泽的腊八粥，让人忍不住想要立即盛上一碗。如果你喜欢咸粥，也可以放一些猪肉或者鸡肉在里面，味道都是很不错的。腊八粥是要大家一起分享而食，这样才会有年年有余、吉祥团圆的寓意。

　　也许你不喜欢粥，但是你的家人或者朋友总会有喜欢的，有时候一碗平凡的粥，就可以温暖一颗心。试着来学做一碗温暖的粥吧！

# 幸福的味道：
# 八宝粥

　　几乎所有的早餐店里都会有八宝粥的身影，在冬日的早晨来一碗热气腾腾的八宝粥，浑身寒冷的感觉随着那温暖的气息而逐渐消散。我尤其钟爱八宝粥醇香的味道和诱人的色泽。每次喝粥的时候，我就像个探寻宝藏的小孩儿，细细品尝，一旦吃到我喜欢的食物，这一天的心情就格外的好。

## 材料 Ingredient

| | |
|---|---|
| 糙米 | 50 克 |
| 大米 | 50 克 |
| 圆糯米 | 20 克 |
| 赤小豆 | 50 克 |
| 薏苡仁 | 50 克 |
| 花生仁 | 50 克 |
| 桂圆肉 | 50 克 |
| 花豆 | 40 克 |
| 雪莲子 | 40 克 |
| 莲子 | 40 克 |
| 绿豆 | 40 克 |
| 水 | 适量 |

## 调料 Seasoning

| | |
|---|---|
| 冰糖 | 50 克 |
| 白糖 | 80 克 |
| 绍兴酒 | 20 毫升 |

## 做法 Recipe

❶ 先将糙米、花豆、薏苡仁、花生仁、雪莲子一起洗净，泡水至少 5 个小时，然后沥干水分；再把赤小豆洗净，用盖过赤小豆的水量浸泡至少 5 个小时后沥干水分，浸泡水留下备用。

❷ 将大米、圆糯米、绿豆、莲子一起洗净沥干备用。

❸ 将做法 1 和做法 2 中准备好的材料连同浸泡赤小豆的水一起放入电锅内锅中，加入 1600 毫升水和绍兴酒拌匀，外锅加入 2 杯水煮至开关跳起，续焖约 10 分钟。

❹ 将桂圆肉洗净沥干水分，放入粥中拌匀，外锅再加入 1/2 杯水煮至开关跳起，续焖约 5 分钟。

❺ 最后加入冰糖和白糖拌匀即可。

## 小贴士 Tips

➕ 在煮粥前也可以将大米浸泡 30 分钟，让米粒完全膨胀开，这样煮出来的粥味道更加绵软。

## 食材特点 Characteristics

花豆：维生素和矿物质含量丰富，是高淀粉和高蛋白的保健食品，具有增进食欲、健脾益肾等作用。

莲子：是采集秋季莲的成熟的果实，去除果皮，然后干燥而成，既可入药也可食用，具有养心安神、补脾止泻等功效。

# 年年有余：
# 腊八粥

在我国至今保留着农历十二月初八吃腊八粥的习俗，这主要是源于古人"年年有余"的美好愿望。腊八粥的食材因每地的物产不同所用的食材也不同，但都是由八样东西熬制而成。在这八样食材中，古时候米、青菜和胡萝卜是不可缺少的，后来随着物产的丰富，八样食材逐渐变化，腊八粥的类型也变得更为丰富。这道腊八粥是选用营养更为丰富的食材制作而成，口感更好。

## 材料 Ingredient

| | |
|---|---|
| 大米 | 50 克 |
| 花生仁 | 50 克 |
| 薏苡仁 | 50 克 |
| 栗子 | 50 克 |
| 莲子 | 50 克 |
| 白果 | 50 克 |
| 赤小豆 | 50 克 |
| 银耳 | 少许 |
| 鸡肉片 | 适量 |
| 水 | 12 杯 |

## 调料 Seasoning

| | |
|---|---|
| 盐 | 1/4 小匙 |
| 鸡精 | 1/4 小匙 |
| 水淀粉 | 少许 |

## 做法 Recipe

1. 将花生仁、薏苡仁洗净，用水浸泡 2 个小时，然后蒸 1 个小时；莲子汆烫去皮，和白果一起洗净去芯；栗子取肉洗净。

2. 将银耳用水泡发洗净，赤小豆用冷水浸泡 5 个小时后，以盖过赤小豆的水量用电锅蒸 2 个小时备用。

3. 将鸡肉片洗净加入水淀粉拌匀，用开水汆烫一下捞出备用。

4. 取一深锅，加入 12 杯水，以大火煮开后转小火，加入洗净的大米及准备好的花生仁、薏苡仁、莲子、白果、银耳、赤小豆以及栗子、汆烫好的鸡肉片再煮 10 分钟。

5. 最后加入盐、鸡精调味即可。

## 小贴士 Tips

+ 挑选银耳时，注意要选用色泽淡黄，用手触摸有微微刺手的感觉的银耳。

## 食材特点 Characteristics

栗子：淀粉、维生素 C、蛋白质含量很高，具有抗衰老、延年益寿等作用，还可以入药，改善反胃、腰膝酸软等症状。

银耳：又称白木耳，含有丰富的天然植物性胶质，经常食用具有滋阴润肺、补脾开胃的功效，而且还有良好的润肤作用。

清淡爽口：

# 南瓜粥

南瓜味甜清香，营养多多。含有的多糖类能提高人体免疫力；钾、钙、磷、镁、铁等矿物质，有利于预防骨质疏松和高血压。与大米一同熬煮成粥，不但美味爽口，还能补益身心。

## 材料 Ingredient

| | |
|---|---|
| 大米 | 50 克 |
| 南瓜 | 200 克 |
| 南瓜子仁 | 适量 |
| 葵花籽仁 | 适量 |
| 水 | 700 毫升 |

## 调料 Seasoning

| | |
|---|---|
| 冰糖 | 35 克 |

## 做法 Recipe

❶ 先将南瓜洗净，去皮后切成小片，放入果汁机中加入 400 毫升水搅打成南瓜汁备用。

❷ 再把大米洗净沥干放入锅中蒸熟备用。

❸ 取一汤锅倒入 300 毫升水以中火煮至沸腾，再放入准备好的南瓜汁再次煮至沸腾。

❹ 续加入蒸好的大米转小火拌煮至稍微浓稠。

❺ 最后加入冰糖调味，食用时撒上适量南瓜子仁和葵花籽仁即可。

## 小贴士 Tips

✚ 打成泥的蔬果汁也能成为煮粥的高汤底，选择时应首选耐煮不会变色的蔬果，如胡萝卜、山药等，不然煮出来的颜色不仅不好看，而且味道也容易带点苦涩味。

✚ 先煮好大米是为了减少煮粥的时间，也可以把大米和南瓜一起放入锅中同煮。

## 食材特点 Characteristics

南瓜：含有丰富的淀粉、蛋白质、类胡萝卜素等成分，具有解毒、帮助消化、降低血糖、促进肠胃蠕动等作用，并且能美容祛痘、促进生长发育。

南瓜子：是南瓜成熟后取出的种子晾干或者晒干而成。既可以食用还可以入药，外壳是黄白色，气香，味微甘，有驱虫的功效。

# 口味可千变万化：
# 蔬菜粥

各种粥类对我来说都是诱人的，尤其是蔬菜粥。其实蔬菜粥只是一个统称，并没有固定的食材要求，你可以根据自己的喜好和要求添加各种食材。蔬菜粥最重要的就是鲜味，把鲜香菇替换成其他菌类也可以，上海青以圆白菜代替都是很好的选择。这道蔬菜粥就是任你发挥想象的粥，随意创作，没有你想不到的。

## 材料 Ingredient

| | |
|---|---|
| 燕麦 | 100 克 |
| 大米 | 50 克 |
| 菜花 | 80 克 |
| 胡萝卜 | 30 克 |
| 黑木耳 | 30 克 |
| 鲜香菇 | 1 朵 |
| 上海青 | 80 克 |
| 高汤 | 1600 毫升 |

## 调料 Seasoning

| | |
|---|---|
| 盐 | 1/2 小匙 |
| 鸡精 | 1/2 小匙 |
| 香油 | 少许 |

## 做法 Recipe

1. 先将燕麦洗净，浸泡水中至少 4 个小时，然后沥干，再把大米洗净沥干备用。

2. 将菜花洗净切成小朵；胡萝卜洗净去皮切成片；黑木耳洗净切成片；鲜香菇洗净去蒂后切成丝；上海青洗净，备用。

3. 将燕麦和大米放入汤锅中，加入高汤以中火煮沸，稍微搅拌后转小火熬煮约 20 分钟。

4. 续加入做法 2 中的材料转中火煮至沸腾后再转小火续煮至熟透。

5. 最后加入盐、鸡精、香油调味即可。

## 小贴士 Tips

- 根茎类蔬菜、菇类、上海青在熬煮之后可以使粥的风味更鲜甜，口感也会随着熬煮的时间越长越软糯，所以熬煮时可以依自己的喜好调整。
- 圆白菜也可以代替上海青，味道同样鲜美。

## 食材特点 Characteristics

燕麦：营养十分丰富，煮成的粥含有丰富的镁、维生素 $B_1$ 等物质，具有降低胆固醇，辅助治疗便秘等作用，常食还可以控制肥胖。

上海青：又名青江菜，味甜口感好，为人体提供所需的维生素和矿物质，对皮肤和眼睛有很好的保养作用。

别样美味：

# 皮蛋瘦肉粥

皮蛋瘦肉粥是广东的经典粥品，无人不知，无人不晓。以前妈妈经常给我熬皮蛋瘦肉粥，香浓软滑，饱腹暖心，皮蛋的 Q 弹与瘦肉的滑嫩伴着粥香溢于满口，喝这样的一碗粥让我觉得心满意足。晚餐来一碗皮蛋瘦肉粥，喝到嘴里，满口的米粥芳香，让我感受到了妈妈的味道。

## 材料 Ingredient

| | |
|---|---|
| 大米 | 100 克 |
| 猪瘦肉丝 | 100 克 |
| 皮蛋 | 1 个 |
| 油条 | 适量 |
| 葱花 | 适量 |
| 高汤 | 1200 毫升 |

## 调料 Seasoning

| | |
|---|---|
| 盐 | 1/2 小匙 |
| 鸡精 | 1/2 小匙 |

## 做法 Recipe

1. 先将大米洗净，浸泡水中约 1 个小时，然后沥干水分备用。
2. 把猪瘦肉丝洗净沥干水分；皮蛋去壳切成小块状。
3. 把油条切成小段状，放入烤箱中烤至酥脆备用。
4. 将大米放入汤锅中，加入高汤以中火煮开，稍微搅拌后转小火熬煮约 30 分钟，再加入准备好的猪瘦肉丝改中火煮至沸腾，转小火续煮至肉丝熟透。
5. 最后加入盐、鸡精调味与切好的皮蛋搅拌均匀，撒上葱花、油条即可。

## 小贴士 Tips

- 若是条件允许可以在家自己炸油条，这样就可以不用放入烤箱中烤酥。
- 可以买一些大骨自己在家熬成大骨高汤作为汤底。

## 食材特点 Characteristics

皮蛋：又名松花蛋，是中国特有的蛋类加工食品，风味独特。皮蛋最好蒸煮后食用，儿童不宜多吃，也不宜存放冰箱中。

油条：口感松脆且有韧性，主要原料以面粉为主，加入适量水、盐等成分，经过一系列的加工制作而形成的油炸食品。

## 那时间那粥：
# 五谷瘦肉粥

　　每到傍晚时分，晚餐便成了很令人发愁的一道难题。既不想吃得太油腻，又不想潦草打发自己，还要满足自己的口腹之欲，这个时候一道简单又快捷的美味粥是最合适的，通常我会选择养生又美味的五谷瘦肉粥。把五谷和肉片放入锅中慢慢熬煮，等着香味逐渐溢满厨房，伴着美丽的晚霞，悠闲地享用一顿晚餐。

### 材料 Ingredient

| | |
|---|---|
| 猪瘦肉片 | 200 克 |
| 五谷米 | 120 克 |
| 水 | 1500 毫升 |

### 调料 Seasoning

| | |
|---|---|
| 米酒 | 1 小匙 |
| 盐 | 1/2 小匙 |
| 白胡椒粉 | 1/4 小匙 |
| 香油 | 1 大匙 |
| 水淀粉 | 1 小匙 |

### 做法 Recipe

1. 将五谷米淘洗数次后加入适量水，浸泡约 1 个小时至颗粒稍微软化膨胀，然后沥干备用。

2. 把猪瘦肉片放入小碗中，加入米酒及水淀粉充分搅拌均匀，再放入开水中汆烫约 10 秒钟，取出肉片再泡入冷水中降温，然后沥干备用。

3. 汤锅倒入 1500 毫升水以中火煮沸，加入泡好的五谷米，转大火煮至沸腾再以小火续煮并维持锅中略滚的状态。

4. 转小火续煮约 1 个小时后加入准备好的猪瘦肉片再煮约 3 分钟。

5. 最后加入盐、白胡椒粉、香油调味拌匀即可。

怦然心动：

# 肉丁豆仔粥

如果你爱清淡的晚餐，这碗美味的肉丁豆仔粥一定会让你爱不释手。翠绿的四季豆搭配白色的米粒，视觉上已让人怦然心动。鲜香菇的浓郁气息和猪梅花肉的美味相融合，高汤的鲜味慢慢渗入到大米、燕麦之中，面对这样一碗粥，你还能不心动吗？

## 材料 Ingredient

| | |
|---|---|
| 大米 | 150 克 |
| 燕麦 | 50 克 |
| 四季豆 | 150 克 |
| 猪梅花肉 | 100 克 |
| 鲜香菇 | 2 朵 |
| 熟芝麻 | 适量 |
| 高汤 | 1800 毫升 |

## 调料 Seasoning

| | |
|---|---|
| 盐 | 1/2 小匙 |
| 鸡精 | 1/2 小匙 |

## 腌料 Marinade

| | |
|---|---|
| 水淀粉 | 少许 |
| 米酒 | 适量 |

## 做法 Recipe

1. 先将大米、燕麦洗净，浸泡水中约 1 个小时，然后沥干水分备用。

2. 把猪梅花肉洗净沥干水分，切成小丁放入大碗中，加入水淀粉和米酒腌渍约 5 分钟备用。

3. 再把四季豆洗净，去除头尾后切成小段；鲜香菇洗净，去蒂头切成丁状备用。

4. 将洗净的大米、燕麦放入汤锅中，加入高汤以中火煮至沸腾，稍微搅拌后转小火熬煮约 20 分钟，加入准备好的猪梅花肉、四季豆、鲜香菇转中火煮至沸腾后，转小火续煮至肉丁熟透。

5. 最后加入盐、鸡精调味，盛入碗中撒上熟芝麻即可。

甜蜜时刻：

# 桂圆燕麦粥

桂圆燕麦粥是甜粥爱好者不可错过的美食。有人说字如其人，其实从一个人爱喝什么样的粥也可以看出一个人的性格特点，比如爱吃甜粥的人大多性格开朗且乐观向上，这样性格的人通常自在快乐，没有太多的烦恼。假如你有烦恼，来一碗桂圆燕麦粥，会让你从心底里感觉甜蜜。

## 材料 Ingredient

| | |
|---|---|
| 燕麦 | 100 克 |
| 糯米 | 20 克 |
| 大米 | 100 克 |
| 桂圆肉 | 40 克 |
| 水 | 2500 毫升 |

## 调料 Seasoning

| | |
|---|---|
| 冰糖 | 120 克 |
| 米酒 | 少许 |

## 做法 Recipe

❶ 先将燕麦洗净，浸泡于水中约 3 个小时后沥干水分，备用。

❷ 再把糯米和大米一起洗净沥干水分备用。

❸ 将准备好的燕麦、糯米及大米放入汤锅中，加入适量水以中火煮至沸腾，稍微搅拌后转小火熬煮约 15 分钟，再加入桂圆肉和米酒再次煮沸。

❹ 最后加入冰糖调味即可。

## 小贴士 Tips

➕ 加入少量的米酒可以增加桂圆肉的香气，因为只加入少许，煮过以后酒气会散发掉，所以不用担心吃起来会有酒味。

➕ 现在市面上有很多种类的米酒，若条件允许也可以在家自己制作米酒。

## 食材特点 Characteristics

糯米：是一种温和的滋补品。用糯米煮粥应略微稀薄，这样不仅易消化吸收，而且营养更丰富，特别适合多汗、血虚、体虚等患者食用。

桂圆肉：具有养血安神、补虚益智的功效，女性常食不仅可以使面色红润，还能够改善心血管循环，舒缓压力和紧张的情绪。

# 美白秘籍：
# 赤小豆薏苡仁粥

赤小豆也就是红豆，它是爱情的象征。赤小豆粒粒红如璎珞，饱满滚圆，只是看着就让人忍不住想要放进嘴巴中嚼一嚼。赤小豆有美容护肤的功效，与同样有此作用的薏苡仁相互搭配煮粥，能美白肌肤。

## 材料 Ingredient

| | |
|---|---|
| 白薏苡仁 | 40 克 |
| 红薏苡仁 | 40 克 |
| 赤小豆 | 120 克 |
| 大米 | 30 克 |
| 水 | 2500 毫升 |

## 调料 Seasoning

| | |
|---|---|
| 冰糖 | 120 克 |

## 做法 Recipe

1. 先将白薏苡仁、红薏苡仁和赤小豆一起洗净，浸泡水中约 6 个小时后沥干水分备用。
2. 把大米洗净沥干水分备用。
3. 汤锅中倒入水以中火煮沸，放入准备好的白薏苡仁、红薏苡仁和赤小豆再次煮至沸腾，转小火加盖焖煮约 30 分钟，再加入大米拌匀煮开，再转小火拌煮至米粒熟透且稍微浓稠。
4. 最后加入冰糖调味即可。

## 小贴士 Tips

- 红薏苡仁营养价值很高，泡水的时间长些才能煮出好吃的甜粥。
- 大米可以和薏苡仁同时下锅煮，时间越长，味道越香浓。
- 挑选赤小豆的时候要以颜色均匀、颗粒饱满的为优，还有淘洗的时候不要用力揉搓，不然会使其中的营养流失。

## 食材特点 Characteristics

薏苡仁：新鲜的薏苡仁有一种很清新的味道，是一种很好的美容食品，经常食用可以使皮肤光泽细腻，对消除粉刺、雀斑、老年斑有很好的作用。

冰糖：具有补中益气的作用，还具有养阴生津、润肺、止咳的功效。

# 令人回味无穷：
# 坚果素粥

　　坚果含有丰富的蛋白质和微量元素，可以补充人体所需的营养物质，搭配素高汤一同熬粥，营养倍增，坚果浓郁的果香味和坚实的口感让这道粥风味口感多层次，吃过之后令人回味无穷。

## 材料 Ingredient

| | |
|---|---|
| 大米 | 50 克 |
| 麦片 | 30 克 |
| 什锦坚果 | 150 克 |
| 姜末 | 10 克 |
| 素高汤 | 450 毫升 |

## 调料 Seasoning

| | |
|---|---|
| 盐 | 1/8 茶匙 |
| 白胡椒粉 | 1/6 茶匙 |
| 香油 | 1 茶匙 |

## 做法 Recipe

❶ 先将什锦坚果去壳洗净，沥干备用。

❷ 再把大米和麦片洗净放入内锅中，加入素高汤和什锦坚果以及姜末。

❸ 将内锅放入电锅中，外锅加入 1 杯水，按下开关煮至开关跳起。

❹ 最后加入盐、白胡椒粉、香油调味拌匀，盛入碗中即可。

## 小贴士 Tips

➕ 煮过的坚果味道更加美味，若想使粥更加黏稠，可以加入适量糯米或麦片。

➕ 若是加入炒熟的坚果，因已带有咸味，可以少放一些盐。

## 食材特点 Characteristics

坚果：是一个总称，包括核桃、栗子、松仁等，营养丰富，含有大量的蛋白质、维生素以及多种矿物质，研究发现咀嚼较硬的坚果有利于提高视力，且常食坚果可以补脑益智。

麦片：分为普通麦片和燕麦片，营养丰富，研究发现麦片中含有大量的纤维、维生素和多种矿物质，可以减肥，再搭配牛奶、鸡蛋更健康，能够满足人体一天的营养需求。

# 十全十美：
# 十谷米粥

第一次听到十谷米粥其实挺好奇的，后来才知道原来十谷米只是由糙米、黑糯米、小米、小麦、荞麦、芡实、燕麦、莲子、玉米和红薏苡仁十种谷物混合而成，因此而得名。在晚餐时分来一碗十谷米粥，可谓是滋补养颜，而且可以一次多准备一些，放入冰箱，懒得做饭的时候拿出来热一热，仍不失美味，简直是十全十美的家常营养粥。

## 材料 Ingredient

| | |
|---|---|
| 十谷米 | 150 克 |
| 大米 | 50 克 |
| 水 | 2000 毫升 |

## 调料 Seasoning

| | |
|---|---|
| 红糖 | 20 克 |
| 白糖 | 20 克 |

## 做法 Recipe

1. 先将十谷米洗净，浸泡水中约 6 个小时后沥干水分备用。
2. 将大米洗净并沥干水分备用。
3. 将洗净的十谷米和大米一起放入砂锅中，倒入适量水拌匀，以中火煮至开，然后加入适量红糖转小火熬煮约 30 分钟至熟软，熄火继续焖约 5 分钟。
4. 最后加入白糖调味即可。

## 小贴士 Tips

+ 若是时间有限，可以将十谷米用温水浸泡以减少熬煮时间。
+ 最后的白糖可以根据个人的口味适当添加，还可以加入适量葡萄干，味道更好。

## 食材特点 Characteristics

十谷米：就是做十谷粥的主要材料，主要包括黑米、小米、小麦和莲子等，含有丰富的维生素、矿物质，常食有降低血压、舒缓神经等作用，是日常的滋补佳品。

红糖：含有人体生长发育所需的多种氨基酸和维生素，对于促进新陈代谢和血液循环以及补充皮肤营养、减轻局部色素沉积具有重要作用。

# 好粥知时性：
# 冬瓜白果粥

　　其实煮粥是很简单的，只要材料洗净备好，然后下锅熬煮便可以了。其中最重要的莫过于对食材特性的掌控，就如庖丁解牛，只要熟练，即使闭着眼睛，也能得心应手。

## 材料 Ingredient

| | |
|---|---|
| 大米 | 100 克 |
| 冬瓜 | 50 克 |
| 白果 | 20 克 |
| 甜豆 | 2 克 |
| 姜 | 2 克 |
| 枸杞子 | 2 克 |
| 水 | 500 毫升 |

## 调料 Seasoning

| | |
|---|---|
| 鸡精 | 1/2 小匙 |
| 白胡椒粉 | 1/4 小匙 |

## 做法 Recipe

1. 将大米洗净沥干水分；冬瓜去皮去籽后洗净切厚圆片；甜豆洗净切成片；枸杞子洗净；姜洗净切成丝备用。
2. 在汤锅中放入洗净的大米和切好的冬瓜片、甜豆片、白果、姜丝以及枸杞子、水，以大火煮开，然后转小火煮约 15 分钟。
3. 最后加入鸡精、白胡椒粉调味即可。

## 小贴士 Tips

- 煮粥的时候添加少许的盐，不仅可以丰富味道，而且还能让粥更加美味。
- 冬瓜容易煮透，所以切的时候可以切得厚一些。

## 食材特点 Characteristics

冬瓜：主要产于夏季，瓜肉肥白，含有丰富的蛋白质、碳水化合物、维生素和多种矿物质，既可以煮汤，也可以炒食，有减肥、润肺以及消除水肿等功效，还可以美白肌肤、抑制黑色素的形成。

白胡椒粉：常用的调味品之一，有助消化、增加食欲的作用，而且还有祛寒、健胃等作用。

爱，就是在一起吃晚餐

# 历久弥香:
# 白果牛肉粥

历久弥香:

若有一道粥可以让人一直念念不忘，那么白果牛肉粥便有这样的魅力，尤其是那软糯而又爽滑的口感，尝过之后便让人无法自拔。白果与牛肉随着温度的不断升高，醇香的味道扑鼻而来，加上完全渗透入粥中的米酒香，即使连不爱喝粥的人都忍不住想要一尝白果牛肉粥的美味。

## 材料 Ingredient

| | |
|---|---|
| 大米 | 150 克 |
| 白果 | 100 克 |
| 碎牛肉 | 300 克 |
| 芹菜末 | 15 克 |
| 姜 | 15 克 |
| 蛋清 | 1 大匙 |
| 水 | 1500 毫升 |

## 调料 Seasoning

| | |
|---|---|
| 米酒 | 1 小匙 |
| 盐 | 1/2 小匙 |
| 白胡椒粉 | 1/4 小匙 |
| 香油 | 1 大匙 |

## 做法 Recipe

❶ 先将大米淘洗干净，然后沥干；姜洗净切片备用。

❷ 将白果洗净沥干；碎牛肉用米酒及蛋清抓匀备用。

❸ 汤锅倒入 1500 毫升水以中火煮开，加入洗好的大米，转大火煮开后再以小火续煮并维持锅中略滚的状态。

❹ 转小火煮约 10 分钟后，加入洗干净的白果搅拌均匀续煮 30 分钟。

❺ 续加入拌好的碎牛肉和切好的姜片拌匀再次煮至沸腾，关火，加入盐、白胡椒粉调味，再放入芹菜末及香油拌匀即可。

## 小贴士 Tips

✚ 芹菜末可根据个人口味适当添加。

✚ 若以高汤代替水，这样煮出来的粥味道会更香浓。

## 食材特点 Characteristics

芹菜：含有丰富的蛋白质、碳水化合物、胡萝卜素以及钙、磷等多种矿物质，具有清热解毒、健脑镇静的功效。常吃芹菜，对高血压有一定的辅助治疗作用。

蛋清：又称蛋白，是由蛋白质等营养成分构成的透明胶状液体，营养丰富，在这道菜中的主要作用是调和碎牛肉。

清香爽口：

# 百合白果粥

　　百合白果粥既可以做主食也可以做夜宵来吃，其清淡口感中带着些许花香，又带着些许微甜。当你下班回家时，来上一碗百合白果粥，不仅唤醒了疲惫的心灵，而且满足了饥肠辘辘的胃。因此这是一碗不可错过的清香美粥。

## 材料 Ingredient

| | |
|---|---|
| 米饭 | 300 克 |
| 新鲜百合 | 30 克 |
| 白果 | 40 克 |
| 枸杞子 | 10 克 |
| 水 | 750 毫升 |

## 调料 Seasoning

| | |
|---|---|
| 冰糖 | 60 克 |

## 做法 Recipe

1 将新鲜百合剥成片状，和枸杞子一起洗净备用。

2 汤锅中倒入水以中火煮至沸腾，放入米饭转小火拌煮至米粒散开。

3 再加入新鲜百合和枸杞子以及白果续煮至再次沸腾。

4 最后加入冰糖调味即可。

## 小贴士 Tips

+ 以米饭搭配快熟的材料煮粥，熬煮的时间可以缩短很多，熬煮的时候只要调整自己喜欢的浓稠度就好。

+ 可以根据个人口味在其中加入银耳或者绿豆，前者有较强的滋阴润肺的功效，后者有清热解毒的功效。

## 食材特点 Characteristics

百合：含有丰富的蛋白质、脂肪、还原糖等成分，具有良好的营养滋补功效，还可以养心安神、润肺止咳，对于失眠多梦，痰中带血有一定的疗效。百合熬制成的汤加入适量的白糖，苦中带甜，是结核病患者的食疗佳品。

枸杞子：一种常见的滋补品，营养丰富，含有丰富的胡萝卜素、维生素以及矿物质，有提高免疫力和养颜美容的作用。

爱，就是在一起吃晚餐

# 好吃不常见：
# 百合鱼片粥

　　我们日常喝的粥一般都是素食的，有很少的一部分是添加了肉片的，而用鱼片制作粥汤就更少见了。这道百合鱼片粥就是一道用百合搭配鲷鱼片制作而成的粥品。百合在我们制作汤、粥的时候经常用到，而鲷鱼片在这道粥品中主要是起到丰富营养、增香添味的作用。这样的百合鱼片粥很适合需要补充营养的人群食用。

## 材料 Ingredient

| | |
|---|---|
| 米饭 | 150 克 |
| 鲷鱼肉片 | 150 克 |
| 百合 | 50 克 |
| 姜丝 | 5 克 |
| 芹菜末 | 5 克 |
| 冬菜 | 3 克 |
| 高汤 | 1000 毫升 |
| 香菜叶 | 少许 |

## 调料 Seasoning

| | |
|---|---|
| 盐 | 1/4 茶匙 |
| 白胡椒粉 | 1/10 茶匙 |
| 香油 | 1/2 茶匙 |

## 做法 Recipe

❶ 先将米饭放入大碗中，加入约 500 毫升的高汤，然后用大匙将米饭压散，再把百合剥片洗净沥干备用。

❷ 把其余的高汤倒入小汤锅中煮开，将压散的米饭倒入高汤中，煮开后转小火。

❸ 小火煮约 5 分钟至米粒略糊，然后加入鲷鱼肉片及百合、姜丝，并用大匙搅拌开。

❹ 再煮约 1 分钟后加入盐、白胡椒粉、香油拌匀。

❺ 起锅前加入冬菜及芹菜末装碗，放入香菜叶装饰即可。

## 小贴士 Tips

➕ 可以将米饭直接倒入加了高汤的汤锅中压散煮，以便节省操作步骤。

➕ 可以适当添加一些梨在里面，会有更好的止咳润肺功效。

## 食材特点 Characteristics

鲷鱼：肉质细嫩，味道鲜美，为人体补充生长发育所需的蛋白质及多种矿物质，具有补脾养胃的作用，其头部的胶质含量很丰富，脂肪含量很高，用来煨汤煮粥效果最好。

盐：盐的用途广泛，既可以食用，又可以美容养生。干燥季节，用盐按摩脸部皮肤可以达到控油的效果，在洗澡时用盐按摩背部可以帮助去除背部痘痘。

# 记忆中的美味：
# 猪肝粥

小时候一家人一起吃饭，只要是有猪肝，他们总是先把猪肝夹给我。倒并不是我有多喜欢吃猪肝，只是那时候眼睛不舒服，医生建议多吃一些肝脏类的食物。于是妈妈经常会煮猪肝粥给我喝，那种味道一直留在我记忆深处，如今甚是怀念。

## 材料 Ingredient

| | |
|---|---|
| 米饭 | 150 克 |
| 猪肝片 | 120 克 |
| 冬菜 | 3 克 |
| 芹菜 | 20 克 |
| 上海青 | 100 克 |
| 高汤 | 1000 毫升 |

## 调料 Seasoning

| | |
|---|---|
| 盐 | 1/4 茶匙 |
| 白胡椒粉 | 1/10 茶匙 |
| 香油 | 1/2 茶匙 |

## 做法 Recipe

1. 先将米饭放入大碗中，加入约 500 毫升的高汤，用大匙将米饭压散；上海青洗净切碎；芹菜洗净切成末备用。
2. 把其余高汤倒入小汤锅中煮开，将压散的米饭倒入高汤中，煮开后转小火，续煮约 5 分钟至米粒略糊，加入猪肝片，并用大匙搅拌开。
3. 再煮约 1 分钟后加入盐、白胡椒粉、香油调味拌匀。
4. 起锅前加入冬菜、芹菜末及上海青碎略微拌开后装碗即可。

## 小贴士 Tips

- 猪肝可以买熟的，也可以买未煮熟的自己蒸煮。
- 猪肝有明目的作用，枸杞子也可明目，所以可以适当添加一些枸杞子在里面。

## 食材特点 Characteristics

猪肝：含有丰富的营养物质，能补充人体所需的铁、磷等多种矿物质以及蛋白质、维生素，具有保健功能，还可以养血明目，辅助治疗夜盲症等病症，是最理想的补血佳品之一。

香油：因具有特殊的香味而得名，颜色橙黄如琥珀，可以用于调制凉热菜肴，去除腥味，是食用油中的珍品，含有人体所需的多种维生素和微量元素。

群菇献技：

# 百菇猪肝粥

这碗百菇猪肝粥的精华存在于各种菇类食材中，素有"山珍"之誉的香菇、风味独特的杏鲍菇和有着"增智菇"之称的金针菇。三种营养丰富、口味香醇的菇类在汤锅的世界中尽情释放着美味，与猪肝的香味相互交融，吃上一口，那种浓浓的香醇深深地烙印在心里，让人久久无法忘怀。

## 材料 Ingredient

| | |
|---|---|
| 大米 | 100 克 |
| 猪肝 | 50 克 |
| 鲜香菇 | 5 克 |
| 杏鲍菇 | 5 克 |
| 金针菇 | 2 克 |
| 葱段 | 2 克 |
| 姜丝 | 2 克 |
| 油葱酥 | 1/4 小匙 |
| 食用油 | 适量 |
| 水 | 适量 |

## 调料 Seasoning

| | |
|---|---|
| 鸡精 | 1/2 小匙 |
| 白胡椒粉 | 1/4 小匙 |
| 米酒 | 1 大匙 |
| 水淀粉 | 适量 |

## 做法 Recipe

1. 将大米洗净沥干；猪肝洗净切片，与水淀粉混合拌匀，放入沸水中稍微余烫后捞起沥干；鲜香菇、杏鲍菇洗净后切片；金针菇洗净去蒂切段备用。

2. 将切好的香菇片、杏鲍菇片、金针菇段和葱段放入烧热的油锅中，以大火炒香后盛起。

3. 将做法 2 的所有材料和做法 1 的大米、猪肝片、姜丝、水放入汤锅中，以中火煮 20 分钟。

4. 续放入油葱酥、米酒和鸡精、白胡椒粉转小火煮约 15 分钟即可。

因椰汁而精彩：

# 椰汁牛肉粥

　　看到椰汁就会想到高大的椰树，继而想到浪漫美丽的海岛风光。今天将美景中的椰子带到美食中，同样诱人独特。椰汁搭配牛肉一同熬煮成粥，鲜香浓郁，口感爽滑。

| 材料 Ingredient | | 调料 Seasoning | |
| --- | --- | --- | --- |
| 大米 | 80 克 | 盐 | 1/2 茶匙 |
| 牛肉 | 80 克 | 白胡椒粉 | 1/6 茶匙 |
| 洋葱 | 60 克 | 香油 | 1 茶匙 |
| 胡萝卜 | 50 克 | | |
| 姜 | 20 克 | | |
| 葱花 | 10 克 | | |
| 油条 | 20 克 | | |
| 水 | 500 毫升 | | |
| 椰汁 | 100 毫升 | | |

## 做法 Recipe

❶ 将牛肉洗净切成片状；洋葱洗净切碎；胡萝卜洗净切成丁状；姜洗净切成末；油条切碎备用。

❷ 把大米洗净后与水放入内锅中，再放入切好的洋葱、胡萝卜和姜。

❸ 内锅放入电锅中，外锅加入 2 杯水，按下开关，煮约 30 分钟后，打开电锅盖，续放入牛肉片及椰浆拌匀，再盖上电锅盖续煮。

❹ 煮至开关跳起，打开电锅盖，加入盐、白胡椒粉、香油调味拌匀。最后撒上葱花和碎油条即可。

只为你倾心：

# 窝蛋牛肉粥

与窝蛋牛肉粥第一次见面便令我倾心不已，一颗蛋黄窝在其中如一汪泉水，堪称"肉中骄子"的牛肉散落四周，与点点翠绿的莴笋融合在一起，为这道粥添加了些许生机。用小勺轻按蛋黄，会有微微的跳动感沿小勺传至你的手，刹那间便可以勾起你的玩乐之心。窝蛋牛肉粥爽滑的口感也会让你为它倾心。

## 材料 Ingredient

| 米饭 | 200 克 |
|------|--------|
| 碎牛肉 | 120 克 |
| 莴笋 | 60 克 |
| 葱 | 5 克 |
| 姜 | 5 克 |
| 鸡蛋 | 1 个 |
| 大骨高汤 | 700 毫升 |
| 水 | 50 毫升 |

## 调料 Seasoning

| 盐 | 1/8 茶匙 |
|------|--------|
| 白胡椒粉 | 少许 |
| 香油 | 1/2 茶匙 |

## 做法 Recipe

1. 先将米饭放入大碗中，加入约 50 毫升的水，用大汤匙将有结块的米饭压散备用。

2. 把葱和姜分别洗净切成丝；莴笋洗净分为莴笋叶和莴笋茎，茎切成片，叶切成丝备用。

3. 取一锅，将大骨高汤倒入锅中煮开，再放入压散的米饭和切好的莴笋茎，煮沸后转小火，续煮约 5 分钟至米粒糊烂。

4. 续加入碎牛肉，并用大汤匙搅拌均匀，再煮约 1 分钟，然后加入盐、白胡椒粉、香油拌匀后熄火。

5. 取一碗，装入切好的莴笋叶、葱丝及姜丝，再将煮好的牛肉粥倒入碗中，最后打入一个鸡蛋，食用时将鸡蛋与粥拌匀即可。

## 小贴士 Tips

+ 压散米饭时可以加入高汤代替水，这样可以使米饭更好地吸收高汤的味道和营养。

## 食材特点 Characteristics

牛肉：味道鲜美，含有丰富的蛋白质、氨基酸，具有滋养脾胃、强健筋骨、消除水肿等作用。

莴笋：含有丰富的蛋白质、碳水化合物以及维生素等多种成分，此外还含有丰富的钙、磷，可以促进骨骼正常发育。

# 独一无二：
# 樱花虾豆浆粥

乍一听樱花虾，就会忍不住想起缤纷的樱花，粉的似霞，白的胜雪，开在万物初始的春天。樱花虾不止有艳丽的外表，还有甘甜浓郁、鲜爽无比的肉质，与芳香四溢的豆浆一起慢慢炖煮，让人久久留恋。独一无二的樱花虾豆浆粥定会让你的晚餐与众不同。

## 材料 Ingredient

| | |
|---|---|
| 大米 | 80 克 |
| 樱花虾 | 10 克 |
| 猪绞肉 | 50 克 |
| 鸡蛋 | 2 个 |
| 葱花 | 20 克 |
| 姜 | 20 克 |
| 水 | 250 毫升 |
| 豆浆 | 250 毫升 |

## 调料 Seasoning

| | |
|---|---|
| 盐 | 1/2 茶匙 |
| 白胡椒粉 | 1/4 茶匙 |
| 香油 | 2 茶匙 |

## 做法 Recipe

❶ 将大米洗净；姜洗净切成片状备用。

❷ 将洗净的大米与樱花虾及水、豆浆一起放入内锅，再放进电子锅中，外锅中加 2 杯水，按下开关。

❸ 煮约 30 分钟后，打开电子锅盖，放入姜片、猪绞肉拌开，再盖上电子锅盖续煮。

❹ 煮至开关跳起后，打开电子锅盖，加入打散的鸡蛋和盐、白胡椒粉、香油调味拌匀。

❺ 盛入碗中，撒上葱花即可。

## 小贴士 Tips

✚ 打豆浆浸泡黄豆前，要先清洗干净，再用温水浸泡可以缩短浸泡时间。

✚ 在挑选樱花虾的时候，可以先用手摸一下，干爽不黏腻且呈现透明状的樱花虾为佳品。

## 食材特点 Characteristics

樱花虾：含有大量的蛋白质和多种矿物质，营养十分丰富，其肉质松软，易消化，有利于调节心脏活动，降低胆固醇浓度，对于病后需要调养的人来说是很好的食物。

豆浆：我国传统饮品，是将大豆泡膨胀后磨碎、过滤、煮沸而成，四季都可饮用，具有滋阴润燥、消热防暑等作用，老少皆宜。

晚餐饮食臻品：

# 花生牛肚粥

　　用树叶间洒落下来的阳光来形容花生牛肚粥给我的感觉，是不是有点奇怪，其实一点也不奇怪。花生牛肚粥就有一种使你吃过便会心情愉快的神奇魔力，如同明媚的阳光，总是让人觉得舒畅，尤其是再加上蒜头酥和菠菜的点缀，更是秀色可餐。还有米酒的清香，完全渗透到大米和汤中，让人回味无穷。

## 材料 Ingredient

| | |
|---|---|
| 大米 | 100 克 |
| 花生仁 | 30 克 |
| 牛肚 | 100 克 |
| 菠菜 | 5 克 |
| 枸杞子 | 2 克 |
| 蒜头酥 | 1/2 小匙 |
| 水 | 3 杯 |

## 调料 Seasoning

| | |
|---|---|
| 鸡精 | 1 小匙 |
| 白胡椒粉 | 1/4 小匙 |
| 米酒 | 1 大匙 |

## 做法 Recipe

❶ 将大米洗净沥干；牛肚洗净切片，放入沸水中余烫后捞起沥干；花生仁泡水约 30 分钟捞出沥干；菠菜洗净切段备用。

❷ 将准备好的大米、牛肚片、花生仁、菠菜段、枸杞子、蒜头酥和鸡精、白胡椒粉、米酒混合均匀，放入内锅中。

❸ 将内锅放入电锅中，外锅加入 3 杯水，盖上电锅盖，按下开关煮至开关跳起即可。

## 小贴士 Tips

✚ 若是口味偏重的人，可以适当添加盐做成咸粥。

✚ 将牛肚余烫后，可以加入姜片、米酒再把牛肚稍煮片刻，这样做出来的牛肚味道更好。

## 食材特点 Characteristics

花生仁：营养价值较高，含有大量的蛋白质、脂肪、热量以及维生素等成分，其中的维生素 E 和锌，具有滋润皮肤、提高记忆力、延缓脑功能衰退等作用。

牛肚：含有大量的蛋白质、脂肪以及钙、铁、磷等多种矿物质，常食具有补气养血的功效，对于病后身体虚弱、气血不足、脾胃虚弱有一定的食疗作用。

# 完美的尝试：
# 松子仁鸡蓉粥

白胖胖的松子仁就像张大嘴笑呵呵的卡通娃娃，更多的时候我是把松子仁作为消磨闲散时间的零食来吃，抓一大把塞进嘴里，满嘴清香，但是我从来没有想过用它来做粥。有一次尝试用松子仁煮粥，松子仁的香味完全融在了粥中，吃过之后唇齿留香，久久不散。

## 材料 Ingredient

| | |
|---|---|
| 大米 | 80 克 |
| 鸡胸肉 | 120 克 |
| 松子仁 | 50 克 |
| 胡萝卜 | 60 克 |
| 姜 | 10 克 |
| 葱花 | 10 克 |
| 油条 | 20 克 |
| 水 | 600 毫升 |

## 调料 Seasoning

| | |
|---|---|
| 盐 | 1/2 茶匙 |
| 白胡椒粉 | 1/6 茶匙 |
| 香油 | 1 茶匙 |

## 做法 Recipe

❶ 将鸡胸肉洗净剁碎；大米洗净；胡萝卜洗净切小丁；姜洗净切成末；油条切碎备用。

❷ 把大米放入加了水的内锅中，再放入切好的胡萝卜丁及姜末。

❸ 将内锅放入电锅中，外锅加入 2 杯水，按下开关，煮约 30 分钟后，打开电锅盖，放入切好的鸡胸肉和松子仁拌匀，再盖上电锅盖续煮。

❹ 煮至开关跳起，打开电锅盖，加入盐、白胡椒粉、香油调味拌匀。

❺ 盛入碗中，撒上葱花和碎油条即可。

## 小贴士 Tips

✚ 若是不喜欢鸡胸肉，可以以鸡腿肉代替。

✚ 根据个人口味还可以适当添加花生仁或者其他一些坚果。

## 食材特点 Characteristics

大米：稻米精心加工后的制成品，有较好的口感和香味，因此很受欢迎。

松子仁：营养丰富，有"长寿果"的美称，具有延年益寿、美容养颜的作用，不仅是美味的食物，也是食疗佳品。

做粥也要挑个合适的:

# 黄金鸡肉粥

　　都说没有最好，只有更好，要我说只有适合自己的才是最好的，做粥也一样，挑个适合自己且喜欢的粥来做，这是一件很享受的事情。听到黄金鸡肉粥，千万不要扭头走人，虽然这个名字有点俗气，但它却不是俗气的粥。切碎的玉米和鸡胸肉、胡萝卜搭配熬煮，让你吃在嘴里，暖在肺腑，特别适合在微冷的傍晚来一碗。

## 材料 Ingredient

| | |
|---|---|
| 大米 | 40 克 |
| 碎玉米 | 50 克 |
| 鸡胸肉 | 120 克 |
| 胡萝卜 | 60 克 |
| 姜末 | 10 克 |
| 葱花 | 10 克 |
| 水 | 400 毫升 |

## 调料 Seasoning

| | |
|---|---|
| 盐 | 1/4 茶匙 |
| 白胡椒粉 | 1/6 茶匙 |
| 香油 | 1 茶匙 |

## 做法 Recipe

❶ 将鸡胸肉和胡萝卜洗净切小丁备用。

❷ 把大米和碎玉米洗净后与水放入内锅中，再放入胡萝卜丁及姜末。

❸ 将内锅放入电锅中，外锅加入 1 杯水，煮约 10 分钟后，打开锅盖，放入切好的鸡胸肉丁搅拌均匀，再盖上锅盖继续煮至开关跳起。

❹ 打开电锅盖，加入盐、白胡椒粉、香油调味拌匀，盛入碗中，撒上葱花即可。

## 小贴士 Tips

✚ 玉米切碎是为了使玉米的味道更好的渗入到粥中。

✚ 若是有时间可以把鸡胸肉用米酒、姜片腌渍一下，这样煮出来的粥味道会更好。

## 食材特点 Characteristics

玉米：一种常见的谷物，色泽金黄，营养丰富，具有排毒、延缓衰老、促进新陈代谢的作用，对皮肤有一定的养护作用。

葱：是一种常见的调味品和蔬菜，主要含有蛋白质和糖类、膳食纤维等多种营养成分，具有解热、杀菌、促进消化吸收、防癌抗癌的作用。

# 圆白菜干莲藕粥

　　我住的地方有个粥店广为人知，每天来这里喝粥的人络绎不绝，去得晚要排很长的队，而且也不一定能够买到。这里的粥出名，好吃自然是第一位，其中的圆白菜干莲藕粥更是高人气美食。加入油葱酥和莲藕，不但香味浓郁，散发出独特的藕香味，而且口感柔中带脆，令人喜爱无比。

## 材料 Ingredient

| | |
|---|---|
| 大米 | 100克 |
| 圆白菜干 | 20克 |
| 莲藕 | 50克 |
| 四棱豆 | 10克 |
| 油葱酥 | 1/2小匙 |
| 枸杞子 | 2克 |
| 葱花 | 1/4小匙 |
| 水 | 500毫升 |

## 调料 Seasoning

| | |
|---|---|
| 鸡精 | 1/2 小匙 |
| 白胡椒粉 | 1/4 小匙 |

## 做法 Recipe

❶ 先将大米洗净沥干水分备用。

❷ 再把圆白菜干洗净，放入水中浸泡约10分钟后取出。

❸ 将莲藕清洗干净切成片状。

❹ 将四棱豆洗好放入盛有清水的内锅中，然后续放入大米、莲藕片、油葱酥、枸杞子以及泡好的圆白菜干，再加入鸡精和白胡椒粉。

❺ 将内锅放入电锅中，外锅加入2杯水，盖上电锅盖，煮至开关跳起后，盛入碗中，撒上葱花即可。

## 小贴士 Tips

➕ 想要四棱豆的口感更好，可以先用沸水焯透，然后在淡盐水中浸泡一会，取出沥干即可。

➕ 炸油葱酥最后几分钟的时候，要用大火逼出其中的油，然后捞出铺在吸油纸上风干，这样做出来的油葱酥才会酥。

勾起童年的回忆：

# 鹌鹑皮蛋猪肉白菜粥

鹌鹑皮蛋猪肉白菜粥美味又营养，洁白的米粥搭配上鲜嫩的肉片和色泽深沉的鹌鹑蛋，再点缀些青色的小白菜，外观精致，味道清雅，非常适合作为晚餐食用。鹌鹑皮蛋猪肉白菜粥做起来也不难，将大米和准备好的肉片一起熬煮，添加些配料，最后将鹌鹑皮蛋切开排上即可完成，简单实惠。

## 材料 Ingredient

| | |
|---|---|
| 大米 | 100克 |
| 猪肉片 | 30克 |
| 鹌鹑皮蛋 | 2个 |
| 小白菜 | 20克 |
| 蒜头酥 | 2克 |
| 鸡高汤 | 500毫升 |

## 调料 Seasoning

| | |
|---|---|
| 白胡椒粉 | 1/4 小匙 |
| 米酒 | 1 大匙 |
| 香油 | 少许 |

## 做法 Recipe

❶ 将大米洗净沥干；猪肉片放入沸水中氽烫至熟，捞起沥干备用。

❷ 再把小白菜洗净，分成菜茎和菜叶两部分，菜叶切成丝状备用。

❸ 将大米和猪肉片放入内锅中，再加上鸡高汤和小白菜菜茎以大火煮沸，转中火煮约 15 分钟。

❹ 续加入白胡椒粉、米酒、香油，以小火煮约 10 分钟，再放入菜叶丝焖约 5 分钟。

❺ 熄火盛入碗中，放入鹌鹑皮蛋，撒上蒜头酥即可。

## 小贴士 Tips

➕ 小白菜菜茎比菜叶难煮，可以提前将菜茎放入锅中，菜叶最后放入焖煮片刻即可。

➕ 若是条件允许的话，可以在家自制鹌鹑皮蛋，只要把鹌鹑蛋用加水搅拌过的皮蛋粉裹好密封即可，为了避免手受伤一定要戴上手套操作。

---

## 食材特点 Characteristics

鹌鹑皮蛋：含有优质的蛋白质和氨基酸，食用可以使皮肤健康白皙，光滑有弹性，是很好的食疗美容佳品。

小白菜：是矿物质、维生素以及胡萝卜素含量较高的蔬菜之一，可以促进人体新陈代谢，滋润皮肤。其中所含的膳食纤维能够促进大肠蠕动，加速毒素的排出，延缓衰老。

# 香浓散不开：
# 大骨糙米粥

大骨糙米粥最吸引人的地方莫过于香浓的味道，掀开锅盖，整个房间都是大骨的浓香。再配上甘甜的胡萝卜和口感绵软的土豆，中和了大骨的油腻。营养价值较高的糙米使这道粥成为绝佳的养生粥，一碗粥便可以满足你的晚餐需求。喜欢用大骨高汤做底料的你千万不要错过大骨糙米粥这道口感浓郁的粥中精品。

## 材料 Ingredient

| | |
|---|---|
| 糙米 | 200克 |
| 猪大骨 | 900克 |
| 胡萝卜 | 150克 |
| 土豆 | 200克 |
| 姜片 | 2片 |
| 葱花 | 少许 |

## 调料 Seasoning

| | |
|---|---|
| 盐 | 1小匙 |
| 鸡精 | 少许 |
| 米酒 | 少许 |

## 做法 Recipe

① 将猪大骨洗净，放入沸水中氽烫至汤汁出现大量灰褐色浮沫。

② 捞出氽烫好的猪大骨，倒掉汤汁再次洗净备用。

③ 把准备好的猪大骨放入汤锅中，加入洗净沥干水分的糙米，加盖以中火煮开。

④ 揭盖再次捞出浮沫。

⑤ 续加入洗净切成块状的土豆、胡萝卜和米酒、姜片，以中火煮沸，然后转小火熬煮约50分钟，熄火加盖焖约15分钟，最后开盖加盐、鸡精调味，再撒入葱花即可。

爱，就是在一起吃晚餐

# 这么近，那么远：
# 虾球粥

　　越是麻烦的美食越是能够引起美食爱好者的兴趣，我也不例外，但我又是一个有点懒惰的人，所以有时会能省则省。其实虾球粥并不麻烦，只是清洗虾仁的时候会有一些麻烦，我一般会选择处理好的虾仁。如果你是一个对食材要求比较严格的人，你可以在菜场买一些新鲜的草虾，回来自己做虾仁，尝试做这道虾球粥。

## 材料 Ingredient

| | |
|---|---|
| 米饭 | 200克 |
| 草虾仁 | 120克 |
| 姜末 | 5克 |
| 鸡蛋 | 1个 |
| 葱花 | 5克 |
| 碎油条 | 10克 |
| 大骨高汤 | 700毫升 |
| 水 | 50毫升 |

## 调料 Seasoning

| | |
|---|---|
| 盐 | 1/8 茶匙 |
| 白胡椒粉 | 少许 |
| 香油 | 1/2 茶匙 |

## 做法 Recipe

❶ 先将草虾仁背部划开，去除肠泥，洗净沥干；鸡蛋打散备用。

❷ 再把米饭放入大碗中，加入约50毫升的水，用大汤匙将有结块的米饭压散备用。

❸ 取一锅，将大骨高汤倒入锅中以大火煮开，再放入压散的米饭，煮开后转小火，续煮约5分钟至米粒糊烂。

❹ 续放入准备好的草虾仁及姜末，并用大汤匙搅拌均匀，再煮约1分钟后，加入盐、白胡椒粉、香油调味拌匀，接着加入打散的鸡蛋，拌匀凝固后熄火。

❺ 起锅装碗后，撒上葱花和碎油条即可。

## 小贴士 Tips

➕ 将草虾仁挑去虾线后放入淡盐水中浸泡一会儿，这样做出来的虾的味道会更好。

➕ 葱花和碎油条可以根据个人的口味适当添加。

## 食材特点 Characteristics

草虾仁：营养丰富，肉质鲜嫩，含有丰富的矿物质，具有补肾壮阳、开胃化痰的功效，非常适宜中老年人以及孕妇食用。

姜：有芳香及辛辣味，根茎可以入药，也可以作为烹调配料，常食能够刺激胃液分泌，促进消化，还有健胃活血、温中止呕的功效。

# 广东粥

　　我爱喝粥，这个习惯到哪里都改变不了。以前便听闻广东粥出名，一直很想尝尝。后来机缘巧合之下，我需要到广州工作一段时间。一到广州就要求朋友带我去喝广东粥，幸好我住的地方附近就有，也没有跑太远的路，味道和我想象的一样好。后来便经常光顾这家粥店，直到离开前还专门又去了一次，以纪念我的这次广州之行。

## 材料 Ingredient

| | |
|---|---|
| 米饭 | 200 克 |
| 大骨高汤 | 700 毫升 |
| 鸡蛋 | 1 个 |
| 葱花 | 5 克 |
| 油条 | 10 克 |
| 皮蛋 | 1 个 |
| 猪绞肉 | 50 克 |
| 墨鱼 | 30 克 |
| 猪肝 | 25 克 |
| 玉米粒 | 25 克 |
| 水 | 50 毫升 |

## 调料 Seasoning

| | |
|---|---|
| 盐 | 1/8 茶匙 |
| 白胡椒粉 | 少许 |
| 香油 | 1/2 茶匙 |

## 做法 Recipe

1. 先将米饭放入大碗中，加入约 50 毫升的水，用大汤匙将有结块的米饭压散备用。

2. 再把鸡蛋打散；皮蛋切成块状；油条切碎；墨鱼洗净切成丝状；猪肝洗净切成薄片，备用。

3. 取一锅，将大骨高汤倒入锅中以大火煮开，再放入压散的米饭，煮开后转小火，续煮约 5 分钟至米粒糊烂。

4. 续放入皮蛋块、猪绞肉、墨鱼丝、猪肝片、玉米粒，用大汤匙搅拌均匀，再煮约 1 分钟后加入盐、白胡椒粉、香油调味拌匀，接着淋入打散的鸡蛋，拌匀凝固后熄火。

5. 最后盛入碗中，撒上葱花及碎油条即可。

## 小贴士 Tips

⊕ 优质的墨鱼一般带有海腥味，外表干燥。

## 食材特点 Characteristics

鸡蛋：常见的食材，含有丰富的蛋白质、维生素和矿物质，是很好的营养来源，能够增强身体抵抗力。

墨鱼：不仅具有较高的药用价值，也具有较高的营养价值，具有补益精气、提高免疫力、防止骨质疏松等作用，对于缓解食欲不振有显著效果。

# 醉卧翠竹林：
# 竹笋咸粥

无论是凉拌、煎炒、熬汤，绿竹笋都可以胜任，且保留了绿竹笋的营养价值。竹笋咸粥就是一道鲜中带香，香中飘鲜，让人欲罢不能的美味咸粥。若你是咸粥爱好者，那么这碗竹笋咸粥便不能错过。

## 材料 Ingredient

| 绿竹笋 | 1/2根 |
| --- | --- |
| 鲜香菇 | 1朵 |
| 胡萝卜 | 40克 |
| 猪腿肉 | 60克 |
| 虾米 | 35克 |
| 色拉油 | 少许 |
| 大骨高汤 | 1/2碗 |
| 大米 | 适量 |
| 芹菜末 | 20克 |
| 红葱酥 | 20克 |

## 调料 Seasoning

| 盐 | 1 茶匙 |
| --- | --- |
| 白胡椒粉 | 1/4 小匙 |

## 做法 Recipe

1. 把大米洗净放入锅中煮成粥备用。
2. 将虾米洗净；绿竹笋洗净切丝、鲜香菇洗净切丝、胡萝卜洗净切丝、猪腿肉洗净切丝后，放入沸水中汆烫捞起备用。
3. 取一炒锅，放入些许色拉油烧热，将虾米放入锅内以小火炒至香味出来后，加入大骨高汤和切好的材料，继续以中火将汤汁煮开。
4. 将盐、白胡椒粉和煮好的白粥倒入锅中搅拌均匀。
5. 最后起锅盛入容器，撒入芹菜末、红葱酥即可。

## 小贴士 Tips

+ 绿竹笋是越新鲜越好吃，刚买回来的绿竹笋可以在切面上涂一层盐，然后放进冰箱中冷藏就可以使其吃着鲜嫩爽口。
+ 虾米在烹饪前要用清水浸泡，然后冲洗干净。

## 食材特点 Characteristics

绿竹笋：含有丰富的蛋白质、氨基酸、膳食纤维等，药用时可以清热化痰、益气和胃，有养肝明目、缓解食欲不振等作用。

虾米：蛋白质的含量是鱼、蛋的好几倍，并且含有丰富的碘、钾、镁等矿物质，易于消化吸收，常食可增强体质，提高食欲。

## 朋友的热情好粥：
# 肉丝咸粥

　　初到外地工作，面对四周陌生的街道，难免会有"他乡为异客"的心情，幸好有朋友邀我至家中做客。肉丝咸粥便是朋友的热情好粥，甘甜的樱花虾、酥香的红葱头片，还有美味的香菇丝，整碗粥散发着浓郁的香味，让我这个在外漂泊的人有了家的温暖的感觉。我始终对这一碗粥念念不忘，期望可以再次喝到如此令人感动的粥。

### 材料 Ingredient

| | |
|---|---|
| 米饭 | 350 克 |
| 猪肉丝 | 80 克 |
| 樱花虾 | 30 克 |
| 红葱头片 | 5 克 |
| 油葱酥 | 适量 |
| 高汤 | 900 毫升 |
| 香菇丝 | 适量 |
| 色拉油 | 适量 |
| 香菜 | 少许 |
| 葱花 | 少许 |

### 调料 Seasoning

| | |
|---|---|
| 盐 | 1/2 小匙 |
| 鸡精 | 1/2 小匙 |
| 白糖 | 少许 |
| 米酒 | 少许 |

### 做法 Recipe

❶ 锅中倒入少许色拉油烧热，放红葱头片以小火爆香。

❷ 把猪肉丝和洗净备好的樱花虾放入其中炒出香味，再放入香菇丝拌炒均匀。

❸ 倒入高汤转中火煮至沸腾，再加入盐、鸡精、米酒、白糖转小火稍煮片刻。

❹ 续放入米饭煮至略浓稠，再撒上油葱酥、香菜、葱花即可。

### 小贴士 Tips

✚ 猪肉丝、樱花虾入油锅前可以加水淀粉、姜片腌制一下，以除去腥味。

✚ 香菇吃水快，在汤中加入适量白糖，可以使香菇吸收糖水，味道更鲜美。

**图书在版编目（CIP）数据**

爱，就是在一起吃晚餐 / 杨桃美食编辑部主编 . --
南京 : 江苏凤凰科学技术出版社 , 2016.8

（含章·I厨房系列）

ISBN 978-7-5537-6086-5

Ⅰ . ①爱… Ⅱ . ①杨… Ⅲ . ①食谱 Ⅳ .
① TS972.12

中国版本图书馆 CIP 数据核字 (2016) 第 025658 号

**爱，就是在一起吃晚餐**

| | | |
|---|---|---|
| 主　　　编 | 杨桃美食编辑部 | |
| 责 任 编 辑 | 张远文　　葛　昀 | |
| 责 任 监 制 | 曹叶平　　方　晨 | |

| | |
|---|---|
| 出 版 发 行 | 凤凰出版传媒股份有限公司<br>江苏凤凰科学技术出版社 |
| 出版社地址 | 南京市湖南路 1 号 A 楼，邮编：210009 |
| 出版社网址 | http://www.pspress.cn |
| 经　　　销 | 凤凰出版传媒股份有限公司 |
| 印　　　刷 | 北京旭丰源印刷技术有限公司 |

| | |
|---|---|
| 开　　　本 | 718mm×1000mm　1/16 |
| 印　　　张 | 13.5 |
| 字　　　数 | 200 000 |
| 版　　　次 | 2016年8月第1版 |
| 印　　　次 | 2016年8月第1次印刷 |

| | |
|---|---|
| 标 准 书 号 | ISBN 978-7-5537-6086-5 |
| 定　　　价 | 39.80元 |

图书如有印装质量问题，可随时向我社出版科调换。